12
9
3
6

家的樣子 你的樣子

簡約生活實踐家 吳敏恩 著

推薦序文

家，是你內心的投射

（推薦人依姓氏筆畫排序）

「敏恩曾說：『整理是理性和感性的綜合』，像畫一樣，好理解的文字搭配優雅舒適的照片，呈現美好『家的樣子』。」

——一二三宿 居家生活3小媽 欣怡

「敏恩老師的空間總是令我憧憬，除了因為風格簡約，更因為每處都根據家人的生活型態來規劃收納，所以成為了最協調舒適的樣子。」

——整理師 Blair

「曾想過自己在房子裡的樣子嗎？作者敏恩帶我們回到所有的最初，從自己為出發點描繪出最好的自己、最適合自己的空間。」

——收納工程師 Peggys

「別再說自己是收納苦手了，快跟著敏恩老師運用五大收納原則，一步一步創造自己的『小花效應』。」

——二寶媽療癒系之變態收納

「如果你有小孩，苦於家中長年混亂，推薦跟著敏恩老師的整理五原則，逐一收復家中空間，得到更加富足的人生！」

——《財富自由的整理鍊金術》作者 整理鍊金術師 小印

「敏恩的留白整理哲學，以少物享有豐盛且幸福的時光、空間。敏恩的無印之家，是最具參考性的收納品使用示範。」

——空間整理顧問／整好奇蹟女子的人生整理 阿好

「家，是你內心的投射，透過整理更了解自己，開啟愛家愛自己的新生活。」

——收納教主 廖心筠

自序

實行「少物簡約」，生活開始變得不一樣

簡單的收拾整理、清潔家事後，坐在餐桌前喝杯咖啡、聽著喜愛的音樂，構思接下來的工作內容，有時累了，抬頭即可見大片落地窗灑下的和煦陽光，有時倦了，家中簡約留白的清爽氛圍俯拾即是，看著看著，心就開闊了，這是幾年前完全無法擁有的畫面，卻也是一直以來嚮往的美好日常。

我是一名鋼琴教師，結婚後搬到新竹居住，在搬家前過了八年租屋的蝸居生活。很幸運的，在二〇一五年我們搬到新家，三房兩廳的社區大樓，室內大小約二十七坪。那是一間夢想中的房子，沒有多餘的裝潢，只用心愛的無印良品家具及日式簡約風格打造而成。

但接踵而來的是忙碌的育兒生活，住進來幾個月後，物品開始蔓延，育兒用品、生活雜物、餐具碗盤、衣服書本，能塞抽屜櫃子的盡量塞，但是剛塞完這一箱，又馬上跑出新的一袋！表面上，還是剛搬來的樣子，但是打開抽屜櫃子，滿坑

滿谷，堆積如山，非常壯觀。

「維持」家的樣子好像不是有打掃乾淨、收拾整齊就能做到，這令我十分苦惱。為了達到「維持」的目標，我開始鑽研收納用品和技巧，逛遍大賣場、五金行、各家居品牌，在網路書店搜尋關鍵字「收納」的書籍，然後收納盒一個一個的買、收納書一本一本的看，照著書中的技巧整理後，好像有改善了，但這種像玩積木般的，只是把物品拿出來重新排列組合的整理方式，說穿了就是讓櫃子內部從「亂塞一通」變成「塞得很滿很整齊」，就像玩疊疊樂抽積木一樣，沒有思考使用的方便性，只要一拿取還是很容易亂掉。

為了想要充分利用空間，床下、縫隙處都不放過，而這些地方一旦放置了物品就很少會拿出來使用，放久了也就忘了，所以看似很會收納的我，卻整天在找東西。

某天，我在書上看到這麼一段文字。

「空間和物品原是相斥的，物品越多，空間就越少。」

「比起收納技巧，更重要的是留白。」

於是，我重新依照家裡一整天生活會使用的動線，做了一番檢視。
「如果只放每天會使用的鑰匙，就可以在出門前馬上拿取，不必翻找。」
「如果只放最常用的工具，就可以更整齊的分隔收納。」
「如果只保留少數的購物袋、紙袋，就不會在拿取時亂成一團，又迫於時間緊急而亂塞回去。」

像這樣的想法越來越多，也越來越清楚，我需要的並不是收納的技巧，而是誠實面對家裡的每個空間，我沒有餘力管理那麼多的物品，也不想再浪費時間去把沒在用的雜物收拾整齊，更不想讓它們佔用家裡珍貴的空間。

開始精簡物品之後，我發現空間變得舒適，花在整理的時間也愈來愈少，重要的是，我不再花時間在找東西、整理東西，什麼物品放在哪裡都一目瞭然，心情也頓時輕鬆起來，假日不需額外花時間整理。也更有餘裕陪伴家人。於是，我選擇開始邁向「少物」的簡約生活。

少一點擠，多一點你，極簡不是空，是對生活溫柔，跟著我一起「減物」整理練習，讓房間、心靈、人生，全部煥然一新，請各位務必試試看！

為空間適度的留白，用最簡單的方式，打造舒適的生活。

4口之家＋1柴的生活，可以如此簡約和整齊！

客廳

Living room

我刻意不放茶几，可以靈活運用，小孩遊戲活動也有寬敞的空間，這裡先維持簡約，就能有好的開始。

玄關

Entrance

玄關處是一家人生活動線安排的關鍵，我把每天家人出門時必須要用的物品，放在櫃內，讓玄關保持清爽，物品方便拿取與歸位。

｜家的成員｜

家庭成員有先生、長女（8歲）、次女（4歲）與我，及一隻資深的老柴（Shabu），目前住在新竹的大樓中，室內空間約27坪。

HELP MY
MOMMY.
Don't buy
puppies.

臥室

Bedroom

我認為簡單的生活，就是沒有多餘的雜物，化妝桌和床上也都以淨空為原則，空間舒適了，心也靜下來，睡眠的品質也會變好喔。

廚房

Kkitchen

廚房是一般家庭最困擾的地方，我會以這空間的檯面留白為大原則，精簡用具和器皿的數量，讓鍋具和餐具都收納在櫃內。

CHAPTER 01

真正豐盛的人生，從少物開始

CHAPTER

02

整理的五大原則

CHAPTER

03

21天把家裡從倉庫變飯店

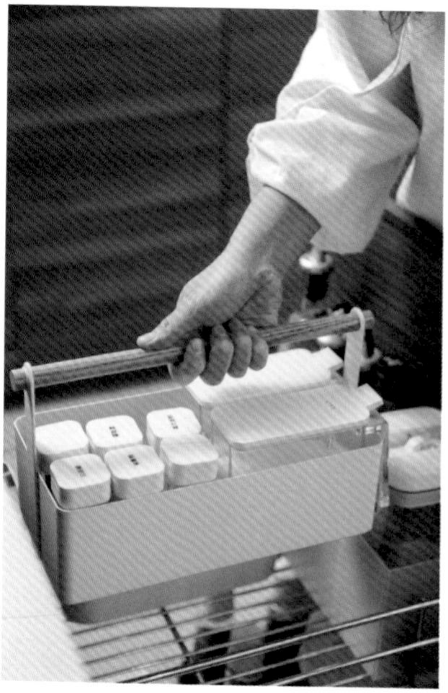

CHAPTER

01

真正豐盛的人生，
從少物開始

捨棄了大量的物品，
反而能獲得原本期待中的舒適生活。

01

「不會整理」也許只是拖延的藉口——重新檢視習慣，你也可以成為「整理達人」

你是會整理的人嗎？自從開設整理課程之後，看過許多表示自己「不會整理」的學員，我發現，所謂的會不會整理，其實是平日習慣的養成。

不會整理的人，下班回到家，鞋子亂丟、外套隨手一放，鑰匙、包包能擱著就好，累死了，先休息再說；結果，隔天早上出門時，忘了鑰匙皮夾丟在哪，東翻西找把家裡弄得更亂，最後上班還遲到。

會整理的人，下班回到家，先將鑰匙、包包、外套物歸原位，在清爽的家中放鬆身心，隔天早上出門時，從容優雅，還有時間先煮杯咖啡呢！

不會整理的人，去購物時，眼睛有雷達能自動偵測到以下字眼，「滿千送百」、「加699可換平底鍋」、「買10送1」、「限時特價」，不管需不需要、不管家裡有沒有空間存放，先買再說；結果，家裡堆的像倉庫，雜物蔓延到地面，備品永遠用不完。

會整理的人，去購物時，只買自己需要的東西，只看現在缺少的物品，用完再買，用不到再怎麼便宜都不為所動，所以家裡空間有餘裕，家中物品能被充分使用。

不會整理的人，不想花時間收拾，家裡常常像戰場，除了睡覺根本不想待在家；有親友想來訪，能推就推，找一堆理由搪塞，就怕被別人發現家裡亂象。

會整理的人，每天花時間收拾，家中保持清爽舒適，最想去的地方就是回家；有親友想來訪，隨時敞開大門歡迎，「家」帶給他們溫暖與自信。

不會整理的人是懶人，會整理的人是比懶人更懶的人，因為懂得先解決眼前的小麻煩，不致於累積導致日後的大麻煩。

你，是哪一種人？

你，想當哪一種人？

這樣看來，不會整理的人並非是能力的問題，而是「拖延」的習慣，「不了解自己需求」的購物方式，以及對於整理的「意願」，但這些都是可以透過「學習整理力」而獲得改善，整理並非學不會、做不到的事，你可以從現在開始，跟著這本書一步一步試看看，讓我陪伴你一起整理，一定會很順利的。

學會整理，帶來溫暖與自信的家，每天都有好心情。

02

當物品變少之後，身心反而更豐盛
——擺脫「一直找東西」的魔咒一點都不難

看到陽光灑落，讓人感覺溫暖舒適。
聞到咖啡飄香，讓人感覺活力滿滿。
聽到優美樂音，讓人感覺放鬆愜意。
那麼，當你回到家中，打開大門的那一剎那，你感覺如何呢？

你每天花多少時間在找東西？10分鐘？還是半小時？突然有訪客想造訪，你的家可以接待他們嗎？是不是每年都要花好幾天大掃除，努力收拾仍然看不出效果呢？你有沒有想過，擁有的物品那麼多，為何生活卻沒有比較輕鬆、你買了那麼多號稱方便的物品，為何家裡卻越住越不方便呢？

可見得物品越多，並不會讓人感覺越幸福，想要改變這一切，你可以從「少物」開始。看到「少物」一詞，也許讓人覺得「這樣生活不會很匱乏嗎？」、

「我又不是喜歡極簡的人」、「我家東西應該不可能變成少物！」

那麼，我們換個方式來敘述，「用比以前少的物品，過比以前好的日子。」仔細思考之後發現，在我徹底減少物品的這幾年來，非但沒有感到缺乏，反而體會到種種富足：

1．時間富足

物品變少了，需要管理、清洗、維護的時間也減少，就能多出許多可運用的時間，下班後不必急著做家事，出門前不必因為找不到東西而擔心遲到。

2．情感富足

把時間投注在身邊的家人，一起生活在清爽舒適的空間裡；或者全家人一起整理，大家都喜歡回到家，喜歡招待親朋好友，對這個家有歸屬感，彼此緊密聯繫。

3．生活富足

篩選多次後，最後留下來的少量物品，都是真心喜歡、想要長久使用的好物，每天都被喜歡的物品圍繞，就能更加愛物惜物。

每晚都回復原狀的
玄關，出門不用花
時間找東西。

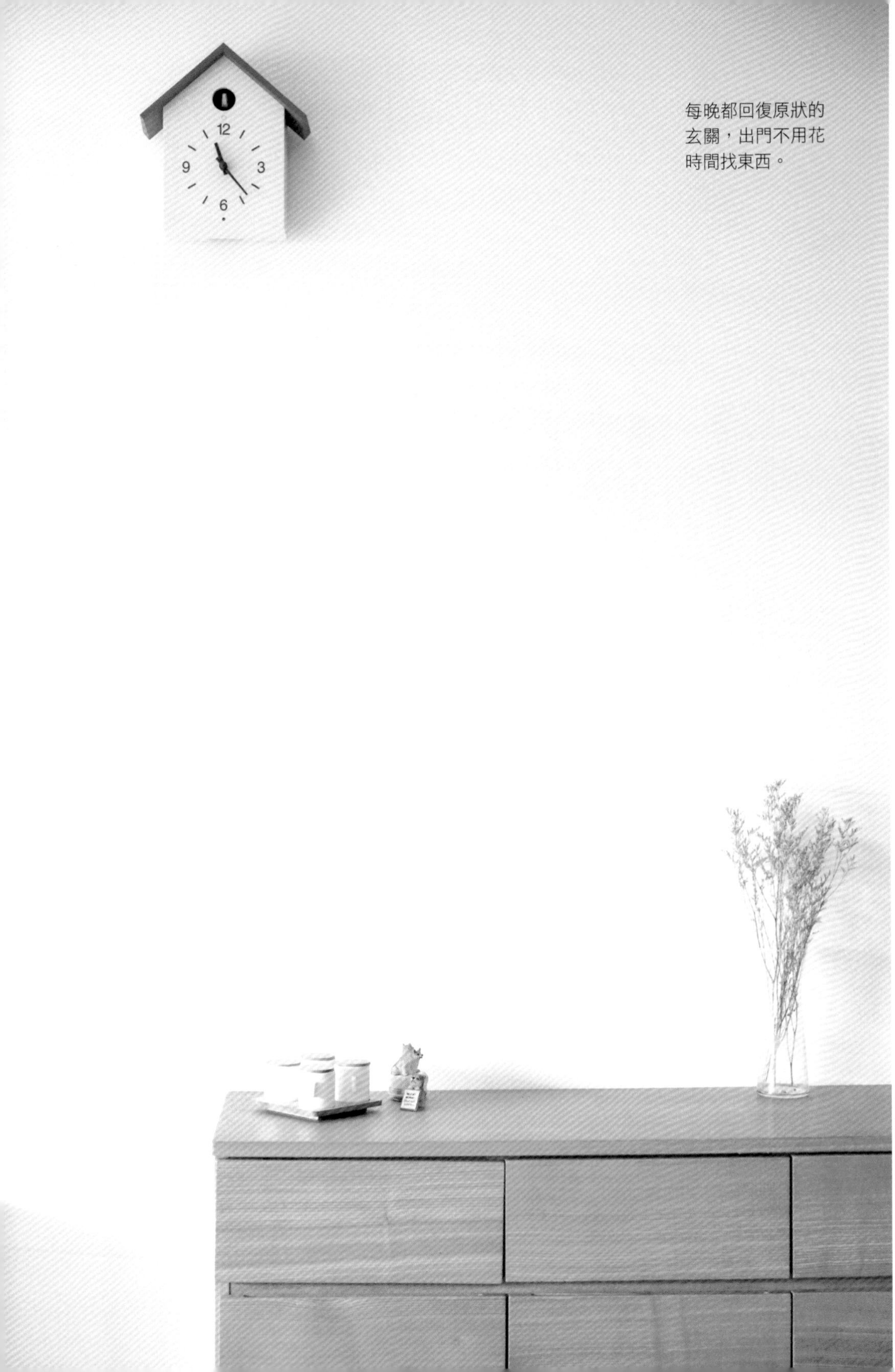

4．空間富足

物品比以前少了，空間就比以前多了，以前被雜物占據的空間，現在可以靈活運用，想做什麼都可以，零雜物的空間有更大的自由。沒有什麼物品比空間更珍貴，所以少物雖然失去了物品，卻贏回了空間。

5．金錢富足

家裡的東西，夠用就好，日常生活，簡單就好，因為滿足現況，不覺得有匱乏，所以不需要花大錢囤物、不需要花大錢重複購買，浪費掉的錢少了，剩下來的錢就多了。

6．信仰（心靈）富足

我是基督徒，我明白我們所擁有的，都是從神而來的，認清這個本質，常常向神讚美感謝，信仰上也會更富足、更喜樂。

少物並不是整理追求的目的，它只是一個必然的結果。相信我，在實施少物之後，你也會感受到這股魔力，少物，卻豐盛有餘。看似不足，其實樣樣富足。

03

透過整理可以「由外而內」的了解自己

你知道自己的家有多少物品嗎？你記得每個抽屜、櫃子、箱子裡裝了哪些東西嗎？整理的目的，即是藉由檢視每樣物品，來釐清它們與使用者的關係，因而更了解自己，需要或不需要，適合或不適合。而這些眾多的物品，大概可以分為以下四種類型：

1．常用或重要的物品

這類型物品常常都會使用，在生活中佔有不可或缺的角色，例如手機、錢包、保溫壺、水杯、電腦、衣服包包等。另有一些雖不常用，但卻是重要且須小心保管的物品，例如護照、存摺、印章等。

2．備用物品

這類型物品通常是第1類物品的重複，只是準備接替或更新，例如衛生紙、尿布、過季衣物、備用寢具等。

3．多餘或閒置的物品

這類型物品雖然完好，但因為是過分囤積或衝動購物下得到的，又或者是別人的贈物，自己卻用不到，所以已經失去它原有的功能，變成閒置的雜物，例如免洗碗筷、沒在用的電器餐具、不穿的衣服鞋子、不喜歡的紀念品等。

4．垃圾或廢棄物品

壞掉、過期的食物，待修的電器，破損的衣物寢具等，以及囤積在陽台的紙箱、塑膠袋或廢棄物，這些物品已經無法再使用，可以直接捨棄。

每個人的家都有這四類型的物品，但擁有的數量不同，就會構成完全不同的居住型態，假設在空間大小固定的狀況下，我們運用後頁的圖示，可以了解「人」、「物品」與「空間」的關係。

整理的第一步，即是辨別自己的住家是何種型態，並誠實面對是什麼原因導致物品的囤積，透過「區分」捨棄不需要的物品，再以簡單有效的收納原則，讓物品有適當的家，物品適得其所後，加入喜歡的收納用品，增添住家的美感，進而持續達到簡約清爽的目標，這樣的過程可以說是「由外而內」的了解自己。

沒有需要挪來挪去的雜物，悠閒的時間變多了，一目瞭然的空間，更有餘裕打造心靈沉靜的生活。

A型

簡單生活型

物品佔用的空間約 **1/4**

- 東西少
- 需求少，生活簡單
- 整理力高，效率高

簡單生活型的
住家空間與物品關係圖

這類型的住家幾乎沒有閒置不用的物品和雜物，因為生活簡單、需求不多，也不會過分囤積備品，因此可以有大量留白的空間，簡單收拾即能維持清爽舒適的環境。

B型

收納高手型

物品佔用的空間約 1/2

- ✓ 東西多，需求多，喜歡買
- ✓ 會管理、收納技巧高
- ✓ 物品處於可立即使用的狀態
- ✓ 需要寬廣的空間

收納高手型的
住家空間與物品關係圖

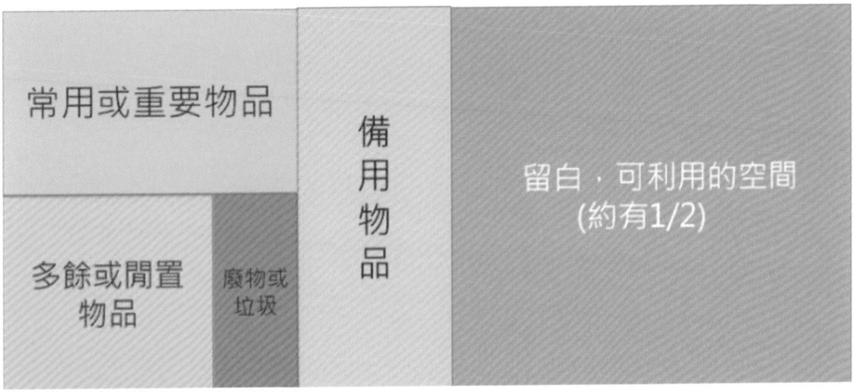

這類型的住家雖然備品不少，但因為善於整理收納，因此仍可維持方便的居住環境，但是需要較多的空間來存放物品，且要費時整理。

C型

瞎買亂塞型

物品佔用的空間約 **3/4**

- 擁有物品的目的模糊，僅僅是擁有物品，卻不會馬上使用
- 物品亂買，易進難出
- 不會整理，沒在整理
- 閒置物品太多，可使用空間很少，當務之急是減少物品

瞎買亂買型的
住家空間與物品關係圖

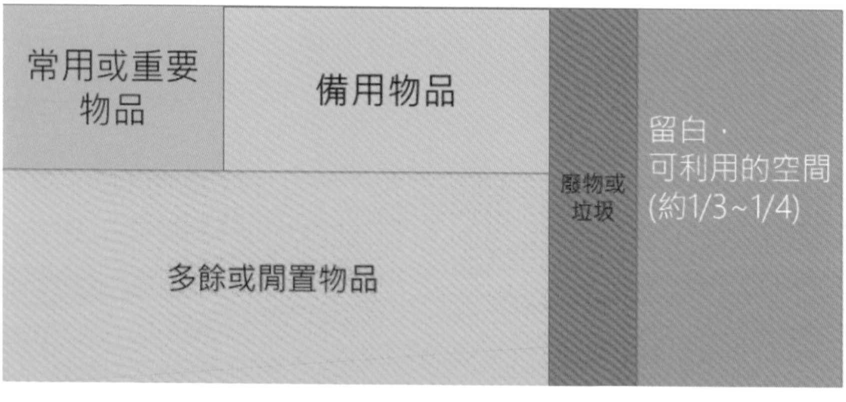

這類型的住家是大多數人家裡的典型，因為不擅長整理收納，常用物品與閒置物品混雜，導致常找不到東西，又落入重複購買的惡性循環，也因為無法區分需不需要，常衝動購物，使得物品數量一直增加，日積月累下家裡凌亂不堪，又不知如何下手整理。

D型

垃圾滿屋型

物品塞爆全部空間

- 物品全都不丟棄
- 即便是過期或壞掉的物品，也都不丟棄
- 家中已成大型的垃圾桶

垃圾滿屋型的
住家空間與物品關係圖

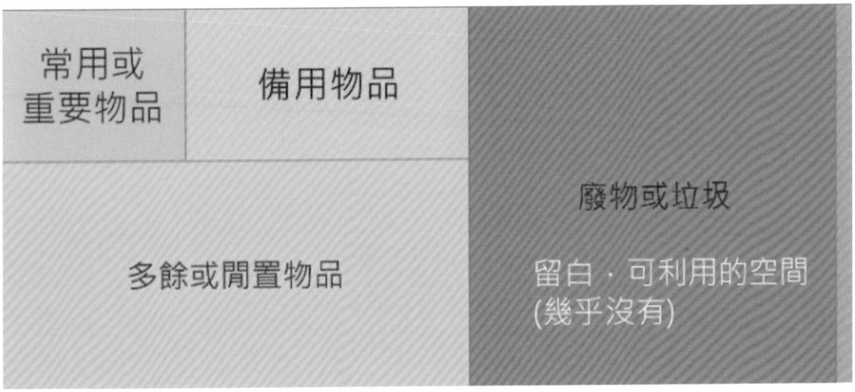

這類型的住家跟垃圾屋沒有兩樣，物品也失去功能，完全沒有空間可以活動，人處在這樣的環境很容易生病，急需要專業的醫療來協助。

04 讓物品成為我們的老師

在不同階段的整理過程中，難免會遇到無法割捨物品的時候。丟棄早已被遺忘的無用之物，對我而言並非難事，然而，在面對某些明知不會使用的物品時，卻常有捨不得的感覺，於是我試著記錄下來，分析丟不掉的原因，大致上有這三類：

1．因為當初購買時充滿憧憬，所以丟不掉

當不鏽鋼大炒鍋帶著「我要好好練習廚藝」的期許進入家門，但因為不會控制火候又懶得練習，最終變成一直記得它但卻每次都略過不用的物品，並且看到它就衍生愧疚感，這類物品還真不少。

2．因為很難請出家門，所以丟不掉

像是工作室的綠色小沙發和嬰兒床都屬這類物品，如此龐然大物當然不可能被遺忘，明明沒在使用，但只要想到清除它們必須花好多時間精力，就乾脆拖延不處理，日子一久，這些大塊頭雜物，還會呼朋引伴吸引許多雜物堆在它們身上，一看到就心生厭煩。

3．因為曾經投注過心力，所以丟不掉

學生時期的筆記、論文，工作時的獎杯獎狀，懷孕時的媽媽手冊皆屬這類物品。因為證明著曾經的嘔心瀝血，因為代表著曾經的豐功偉業，因為紀錄著曾經的得來不易，明明知識已經記在頭腦裡，工作也早已轉職、小孩快到上學年紀了，還是留戀過去，捨不得丟，而且這類物品通常體積也不大，就更順理成章的被留下來了。

如果這些物品已經在家中占據太多空間，構成困擾，那我們就該想想法子來對付它們；帶有憧憬的物品就訂下計畫去使用它們，不要讓夢想變成幻想，也許能因此獲得新的技能、發展出新的興趣，甚至能因此瘦身成功呢！

清除龐然大物沒有想像中的麻煩，也許身邊親友需要它們，再不然聯絡二手家具公司便宜出清，他們會火速前來搬運。

至於最後一項因為有其紀念價值，需要等待適合的時機，那就不要勉強自己，總會有機會的，某次整理書櫃時，我就很自然的丟了兩本媽媽手冊，因此清空了一小格抽屜，丟了手冊沒什麼感覺，但想到抽屜空空的就有點開心。

捨棄物品並非失去，更多的時候反而是獲得，我們認知到自己並不需要它，或是它並不適合我們，我們因此更認識自己，面對選擇時的決斷力更加提升，更重要的是，我們贏回了空間。

體會到捨棄物品時，我們並沒有失去它，而是讓它變成我們生活中的老師之後，我在整理的道路上，更能邁開步伐，勇敢的感受與接受。「珍惜物品」並非緊抓不放，而是在可以陪伴的時候用心對待，在需要道別的時候坦然離開。

珍惜物品，是放手不再需要的東西
讓喜歡的東西更顯珍貴。

05 少物是王道

學生時期上鋼琴課，我的指導教授是位率性又隨和的老師，我問她：「音一直彈錯怎麼辦？」老師回答：「對節拍器」。我又問：「彈得不流暢怎麼辦？」她回答：「對節拍器」。

「快速音群彈不快怎麼辦？」
『對節拍器慢慢加快！』
「手指沒力怎麼辦？」
『對節拍器練！』
「會忘譜怎麼辦？」
『對節拍器背譜！』

我的每本譜上都被老師寫：「對節拍器」。同學看了笑說：「你的老師家裡

大概在賣節拍器。」年輕時的我不當一回事，直到上台出了無數次錯誤和缺失，才開始乖乖對節拍器練習，果真問題一一被克服，只可惜有些基本功再也回不去了，後悔沒早點聽老師的話。

現在我教學員們整理，他們問我：「家裡看起來很亂怎麼辦？」我回答：「減少物品」；他們又問：「沒有時間整理打掃怎麼辦？」我仍是回答：「減少物品」。

「小孩都不自己收玩具怎麼辦？」

『玩具給他太多了，先少物。』

「先生都不分擔家事怎麼辦？」

『因為做了也沒什麼差別，先少物。』

「腦子一團亂，忙得團團轉怎麼辦？」

『眼睛看到的會影響心理，少物就不忙亂。』

「妳怎麼可以做兩份工作又帶兩個孩子還整理家務？」

『因為我持續少物。』

原來少物和節拍器一樣，都是通往成功的一把鑰匙，音樂老師不是講不出其他的方法，而是在我還不肯好好對節拍器之前，講什麼都是多餘；同樣地，我並非講不出其他的整理技巧，而是當你家東西仍多到自己無法控管、空間爆炸時，再多的整理知識、收納技巧都派不上用場。我用節拍器打通了演奏鋼琴的任督二脈，也用「少物」作為整理的主軸，實踐了簡約生活，其實，收納也有基本功，只要肯花時間，一定會看到成效。

我是一位鋼琴老師，跟著節拍器練習，確實讓我的琴藝突飛猛進，
現在也是如此教導學生，只要肯花時間練習，成果一定不同。

CHAPTER

02

整理的五大原則

淨空・嚴選・定量・藏拙・留白

小花帶來的改變

小花效應的故事

這是一個出現在小學國文課本，
並流傳在整理收納界，
大家耳熟能詳的故事……

從前有一個人，成天蓬頭垢面，家裡也髒亂不堪，這天，有人送他一朵鮮花，他回家後，想把鮮花擺放好欣賞，卻找不到任何乾淨的容器，於是他動手把家裡的器皿全數清洗乾淨。只是，花插好了，但桌面上全是垃圾，於是他又動手將桌面整理乾淨，等到花瓶放置妥當，他赫然發現家裡除了桌子以外的其他空間，地板、櫃子、床鋪也是凌亂不堪，於是又動手將家裡雜物丟棄，把整個家打掃的一塵不染。

環顧四周，他滿意極了，這時，眼角餘光撇見鏡子裡頭的自己，嚇了一大跳，「小花很美，可是我看起來好髒啊！」趕緊梳洗一番，洗了澡、刮了鬍子、又換上新衣，把自己打理的整潔有精神，這才覺得所有的一切都配得上這朵鮮花。

這就是「小花效應」。

只是因為一朵小花，換來了一個乾淨清爽的家，也換回一個全新的自己。

01 淨空——從平面淨空開始

很多人家裡都有雜物過多、不知如何下手整理的困擾，也因為長期處於雜亂的環境，無法想像家裡有清爽簡約的風貌，這裡提供一個簡單的方法，不論是整理到一半遇到瓶頸，或是尚未開始整理的人都適用，那就是「平面淨空」。

試看看將家裡每個平面都淨空，包括鞋櫃、餐桌、床鋪、廚房流理台、瓦斯爐周邊、書桌，以及占最大面積的地板，除了極少數的必需品或裝飾品，一律都淨空。

因為淨空才能看見一旁的雜亂，相形之下，雜亂處會使人萌生整理的念頭，每天重複淨空一個空間，一段時間後就會養成習慣，習慣動手收拾，習慣清爽的視野，進而從表面的淨空，蔓延到櫃子內也想要整齊有秩序，由外而內，是一種整理力和美感的練習。

因此，就算尚未真正整理，只是把雜物藏起來或塞到櫃子抽屜裡也行，只要體驗過平面淨空，映入眼簾的清爽視覺享受，就會對這種簡約的風貌上癮，產生想要努力維持的動力，這不是整理收納後的成果，所以不需要任何技巧，但絕對是一個整理契機的開始，如果苦無動力，踏不出第一步，不妨試看看這個方法。

淨空是整理的開始，也是美感的練習，體會過這樣的感覺便會上癮。

無印之家的平面淨空

淨空，就從平面開始，可以先從大面積的地方著手，從地板、桌面、沙發、床鋪，一直到家具的檯面。這些平面是用來走動、或坐或臥、或工作的檯面，並不是收納物品的地方，如果能養成習慣，將上頭的雜物收起，會一點一滴成為生活中意外的收穫。

1

地板淨空

不論客廳、餐廳、臥室、浴室，除家具以外，地板不放置任何物品。

小花效應

- 出門或旅行回家會很快將行李物品整理妥當。
- 打掃只需要掃地機器人，省時又輕鬆。

客廳地板淨空，可以靈活運用活動空間。

左／ 餐桌保持淨空，不隨意放醬料、餐盤，可以避免拖延導致雜物堆積。
右／ 每次使用完書桌就淨空，能提升工作和念書的效率。

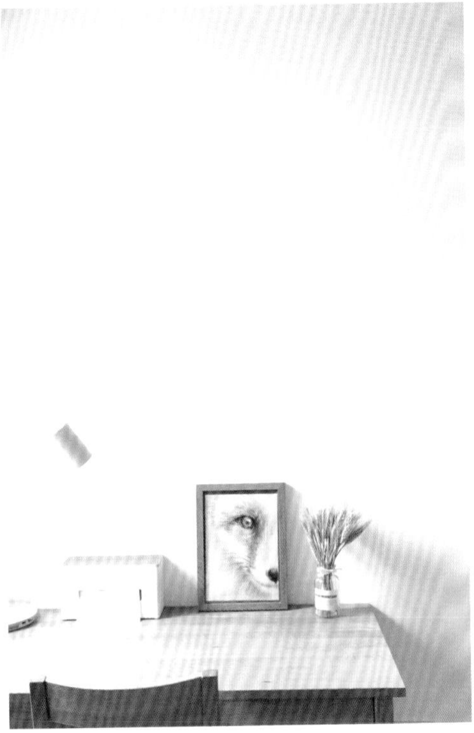

2

桌面淨空

小花效應

- 需要使用桌面時，可以立即開始作業，不用花時間清理。
- 一旦開始收拾淨空，就會有動力想把所有家事一口氣完成。
- 會產生一種「忙碌歸零」、「壓力歸零」，準備要重新開始且有餘裕般的感受。

上／沙發容易順手亂放堆積物品，睡前淨空讓心情平靜下來，營造放鬆的氛圍。

下／每天早起時，我都會將棉被攤平，拿走除了寢具以外的物品，迎接新的一天。

3

沙發、床鋪淨空

睡覺前淨空沙發，起床後淨空床鋪。

小花效應

- 像幫一天的起始和結束按下開關一般，可以成為生活中的儀式。
- 會有「被好好照顧」的感覺，在家能全然放鬆。
- 這兩處最容易堆放的就是換下來的衣服和包包，表示使用頻率很高的物品並沒有順手好收納的位置，也表示生活習慣有待加強，這些都可以因為平面淨空而調整的更完善。

4

家具檯面淨空

鞋櫃、電視櫃、櫥櫃、收納櫃、洗手台等檯面，除少許必要物品，其餘淨空。

小花效應

- 這會是越來越傾向少物之家的必然過程，因為收納空間空出來就不需要用檯面堆放物品了。
- 家裡會有放大的感覺，清爽整齊的感受度更加提升。
- 物品有更妥善空間擺放，會更加愛物惜物。

上／浴室的洗手台、地面等不堆疊物品，有助於維持清爽，打掃清潔也更省時省力。
下／玄關維持整潔乾淨，不但讓家的出入口清爽暢通，也讓整體空間延伸及放大。

「小花效應」的故事裡有兩個重點，一是看見，二是動手，看見代表覺察到，想要改變，動手則代表付諸實行，之所以會看見髒亂，是因為有「美麗的鮮花」做為對照組，所以創造自己的「小花效應」，能察覺到需要改變，或者可以更美之處。

也許你會因為買了一束花，而願意將桌面淨空，也許你會因為想要擺放喜歡的杯壺，而將原來囤積在廚房展示櫃的雜物丟棄，也許你會因為愛上已經平面淨空後的空間，而繼續清理出更多的留白。

從小處開始著手，養成習慣，讓整個家煥然一新！

為生活注入一點活力泉源，你也會想開始動手養成少物的簡約生活。

02
嚴選——嚴選出質感好物

整理最重要的技巧即是「區分」，整理時會面臨許多選擇，而用「嚴選」的標準可以在每次區分時，能更有效率做出最適合自己的決定，依照物品在家裡的情況，整理可分為三個階段，包括初階、中階與進階。首先要判斷自己的家處於何種階段，再藉由三階段的嚴選循序漸進練習整理，找出需要、不需要和必須捨棄的物品，嚴守一進一出的原則，加上定期的檢視，能讓家裡每個物品都物盡其用，不會有閒置的情形。

三個階段的嚴選

初階

「初階」是家中物品還處於混亂狀態，常用、備品、閒置不用，甚至是破損過期的物品全都混在一起，因此當務之急是先找出需要的物品，集中處理，才能順利進行到下一階段。

【整理的重點】

- 整理力練習：區分需要與不需要，必需品和非必需品。
- 首先找出廢物和閒置的物品，將它們請出家門。
- 此時期應先停止讓新的物品進門。

【可以捨棄的物品】

- 一年用不到一次的物品。
- 看了覺得煩惱或討厭的物品。
- 為了湊滿額禮買的或贈送的，跟自己生活毫無關係的物品。
- 已經壞掉了，還要花時間花金錢維修管理，但其實用不到的物品。

中階

此時期已經具備正確的整理觀念，家中需要和不需要的物品也已區分出來，因而開始大量捨棄無用物品，也因為體會到整理後清爽舒適的感覺，想要讓物品更精簡，有些原本認為是重要的物品，也許會轉而認定為多餘物品，因此可以大膽且放心的捨棄。

家具取捨是這個階段很重要的一環，越難請出家門的物品越會阻礙整理之路，也讓人身處其中覺得壓迫與不悅。那些龐然大物似乎在散發著一些迫使你放棄的訊息，克服這些阻礙，整理的功力就會大躍進，它們不再是讓人討厭的東西，它們只是不適合你的居家空間，安心的下達「開除」的指令吧！

【整理的重點】

- 整理力練習：選擇最貼近自己生活型態，可以感到滿足的物品。
- 首先找出在活躍區或備品區，但重複功能的物品。
- 再次檢視是否有閒置物品。
- 嚴守一進一出的原則進行物品的更新。

【可以捨棄的物品】

- 重複功能的物品。
- 因為倉促或為了省錢，而將就購買的物品。
- 顏值不高、使用感無法被滿足的物品。
- 因為減少物品後，多出來的收納家具或閒置的桌椅。

進階

此時期的你，整理已經成為生活中的一部分，也是所有事情的起點，減少物品也是常態，重視的不是捨棄物品，也不是擁有物品，而是打造空間的協調與美感。

【整理的重點】

- 整理力練習：選擇品質上乘、質感功能兼具的物品。
- 嚴選的循環：減少↓感受缺乏↓選擇購買或不購買。

【可以捨棄的物品】

- 過量的備品。
- 不符合風格的物品。
- 執著人情或回憶的物品，但對自己的生活沒有正向的影響。
- 多餘的書籍和不符合空間美感的裝飾品。

重視的不是捨棄物品，也不是擁有物品，
而是打造空間的協調與美感。

嚴選好物美化空間

少物的家，生活必需品數量不會多，並且擁有大量留白的空間，因此可以開始練習美化布置家裡，生活必需品也可以嚴選如藝術品般的質感好物，例如：茶壺、電鍋、烤箱、電扇、杯盤餐具等。另外與自然結合的元素，像是花草植栽、薰香精油、掛畫相框等，將它們融入生活與室內風格，使家中溫暖宜人。

「嚴選」是整理的主軸，它不僅是面臨整理第一件需要學習的事，也會貫穿在每個整理原則中，所以可說練習整理，即是不斷的在練習「決斷力」。

購物前的嚴選

你是「衝動型購物」、「將就型購物」，還是「嚴選型購物」的人呢？購物時仔細思考真正需要與想要的好物，才能充分利用這些跟著自己回家的物品，做一個講究的人，在選物與用物時更愛自己，生活也能更愉快放鬆。

不要將就，而要講究

嚴選適合自己的好物，才能充分精簡生活中的物品。「這樣就夠了」這句話表面上看起來是知足常樂的心態，但它其實可以衍生出兩種不同的涵義，想想自己是哪一種呢？

第一種，因為隨便的挑選，將就或先買再說的心態，經常告訴自己：「買這個就夠了啦！」、「算了啦！有得用就好」，這是將就就好的心態；第二種，仔細思考觀察自己需要和喜愛，千挑萬選後才選中的好物，因為長時間反覆的練習，已經練就精準眼光和嚴選質感，所以拿到物品時不禁讚嘆：「我有你就夠了。」這是講究的選物標準，因為想要精簡生活中的物品，因此每一次的購物決定，不得不慎重。

思考現階段需要什麼

整理無法一次到位，但選物可以，「不要將就，而要講究。」省去來來回回採買、找尋商品耗費的金錢、時間、精神，也避免因為不斷更新物品而產生的垃圾，還能早早享用好商品帶來的便利，而當現有的就能滿足需求時，就沒有必要再取得，也不會因為害怕不足而焦慮了。

停止找尋，感覺到被滿足

這使我們不用再被商人的話術、廣告的內容牽著鼻子走，也不需要盲從身旁一窩蜂的搶購熱潮，思考現階段需要的是什麼，做一個講究的人，少買且嚴選，你將會停止找尋，感覺到被滿足，即便遇到需要購買物品的時候，選物的過程也能輕鬆愉悅，彷彿一段探索自己的旅程。

不委屈自己，也不委屈物品

先想像一個畫面，一早起來，你想倒杯水喝，此時看到杯子裡有昨天沒喝完的牛奶，你會怎麼做呢？這也許是個完全不用思索的問題，因為沒有人會把要喝的水倒入已經不喝的牛奶中，再一口喝下。同樣的，當我們買了新的物品，照理說它是要來取代家裡原本的某件物品，但我們卻會讓原本的物品繼續待在櫃子裡，即使忘了它、不喜歡它，仍然讓它待在那，它的角色就如同已經不能喝的牛奶，在新的物品進來時，舊的物品就得出去，我們在喝水時曉得這個常識，但在面對家裡物品時卻不會這樣想，這是多奇怪的一件事。

或許有人會說：「這不一樣，牛奶臭掉已經不能喝了，東西留著還能用啊！丟掉太浪費了。」是的，的確不同，因為隔夜的牛奶不論誰都不能再喝它了，但不用的物品，它本質上若是功能完好的，可以給更需要它、更適合的人使用，如果強留在身邊，「不用它」跟「丟了它」其實沒什麼差別，一樣浪費，你不願意丟，只是不想面對這個事實罷了。

我們會為不丟東西找很多藉口，說穿了就是「委屈自己」也「委屈物品」的表現，捨不得用上好的餐具，因此將它們束之高閣，這就是委屈自己，「難不成你不配用嗎？」相對的，有些物品明明可用，卻把它們藏在櫃子裡不見天日，那就是委屈物品，物品會想：「難不成我讓你覺得很丟臉嗎？」破除這些阻礙，整理之路才能往下一步邁進，改變家裡現況，換來新氣象。

委屈了物品

「這留著吧！以後也許就用的到了。」這是整理時常會有的心態，但那些「也許」通常不會發生，留著心安的物品等於是「遺忘之物」，大都是一些可有可無的東西，這些被我們遺忘的東西，也許對別人很有用，何不早點幫它尋覓合適的主人呢？

還有「當初高價購買，現在丟掉很浪費的物品。」在你買了它之後，就再也不具備當初取得時的價值了，它現在唯一的價值就是被使用，並且能引以為鑑，在下次購物前停下腳步，思考自己是否真的需要。

委屈了自己

「以後要用，剛好沒有的話，會很困擾！」生活中，究竟是少了它們的困擾大？還是造成家裡混亂的困擾大呢？很多物品的功能日新月異，早已沒有囤積的必要，別把空間拿來囤積不中看也不中用的雜物。

因為「這還堪用，丟了很浪費」而留下來的物品，就是跟自己毫無關係的東西，為了這些沒用的垃圾和廢物，耗費自己的空間、時間和體力整理，才是件更浪費的事情，倒不如在重複功能的物品裡，選一個最新、最喜歡、最美的保留使用，其他同類物品就可以放心的說再見了。

但如果「這是我很珍惜且無法捨棄的東西。」那就不需要捨棄！面對這些令人愛不釋手的物品，更應該騰出空間來好好珍藏保存它們，如此才能不委屈自己，也不委屈物品。

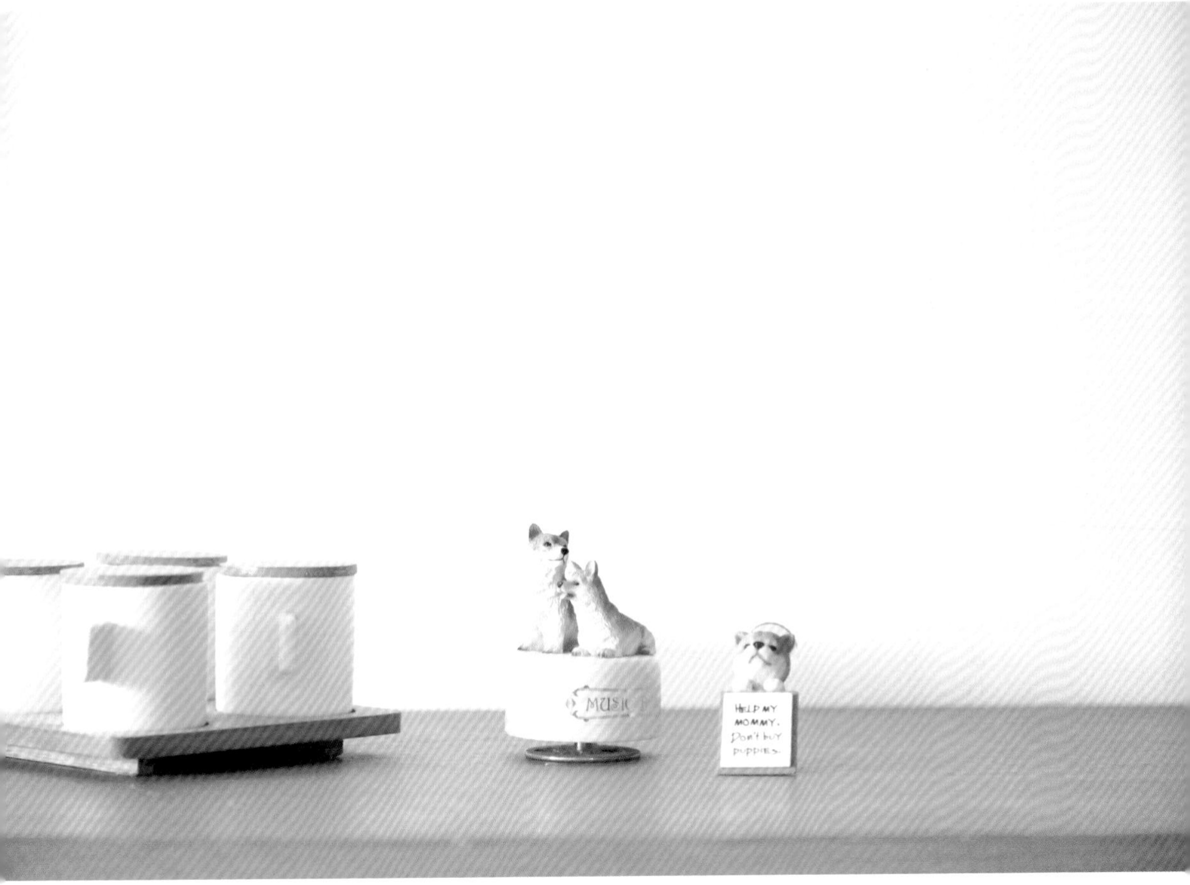
MUSIC
HELP MY
MOMMY.
Don't buy
puppies.

精挑細選真正喜愛的好物，
才能讓生活更舒心。

對物品的道德感要適可而止

面對該捨棄的物品，心中頓時產生大量的道德感，但如果這些道德感可以用在購物之前，後續就不會衍生這麼多麻煩了。

整理時：「這還能用怎麼可以丟呢？」
購買前：「我還有得用，現在不需要多買。」

整理時：「這當初集了很久的點數才換到的耶！」
購買前：「我不缺這個，不用大費周章集點。」

整理時：「這花我一個月的薪水買的，很貴耶！」
購買前：「我擁有的已經足夠了，不需要花大錢犒賞自己。」

把對物品的道德感放在購買前，而不要放在整理時，不用怕丟錯東西而不敢丟，當初都不怕買錯東西而任意購買了，現在何須怕丟錯呢？捨不得的不是物品，過量的購買代表其實沒有那麼惜物，捨不得的只是對這些行為的愧疚感，但這是可以藉由整理改變的，跨出這一步，無論如何，總比停留在原地來得好。

在家中，如果看到的、拿到的、用到的，都是精心挑選後留下的好物，它們就是為生活加分的好夥伴，讓每一天過得輕省又自在，你想不想試看看呢？

購物前需要反覆思考是否需要與喜愛，
嚴選出的好物才能滿足需求喔！

03

定量——決定物品的數量

每個家在一開始都是簡約的，釘了櫃子、買了家具、放上美麗的物件，我們曾經都喜歡那清爽簡單的樣貌，住著住著，東西一件件的進來，櫃子擺不下了，再釘一個吧！抽屜放滿了，再買一座吧！這間房間堆滿了，堆到另一間，最後開始嫌棄房子太小不夠住，再換一間大一點的吧！

其實我們心知肚明，如果不限制進門的物品數量，再怎麼換都不夠的，而「限制物品的量」就是「約」的體現，定量的方法有很多種，對於不好細數的一般生活用品，或是一不小心就會增生的衣服鞋子，用「收納空間」來決定物品「數量」是一個實用又方便維持的好方法。

大類別物品，用家具大小決定

對於家中的大類別物品，且通常有大型家具可以收納時，就以家具大小決定收納的數量，例如：鞋櫃有多大，鞋子就有多少雙，秉持以收納用具決定數量的原則，讓留下來的每項物品都能被使用到。

鞋子，用鞋櫃定量

我們家沒有玄關區，只有一個無印良品收納櫃當作鞋櫃，櫃子裡的空間只夠容量每人6雙鞋，所以「6」就是我家每人鞋子的數量，想要買新鞋時，就代表有舊鞋已經不穿了，一進一出的管理物品，鞋子的總量就能夠維持，我喜歡鞋櫃的方正小巧，簡簡單單，也很夠用了，常穿的鞋，確實也永遠只有那幾雙。

書籍文件，用書櫃定量

我家工作室有一個多功能大書牆，放了我工作用的教材、琴譜、書籍、音響、CD和裝飾品等，老大1歲多時，我們買了近200本的童書，我並沒有因此增加書櫃，而是篩選掉我原本的書和裝飾品，最後竟神奇的放下所有書本。

家裡只有一組鞋櫃，想買新鞋時就替換原來的舊鞋。

女兒出生後，家裡買了近 200 本童書，我們沒有多買櫃子，
而是重新篩選想看的書。

衣服，用衣櫃定量

放不下的就是不該留的，衣櫥關不起來，不是再釘一個衣櫥或再買一個斗櫃，而是把衣服減量到可以關得起來，所以我們一家四口只有一個大衣櫥，我用「7個6」簡約服裝穿搭術，來整理全家人的衣物，這部分在下一節會提到。

玩具，用玩具箱定量

固定玩具數量不能超出箱子後，更能引導孩子一起整理篩選玩具，也不再需要為了玩具的整理收納傷腦筋。

玩具常常蔓延整間房子嗎？那就限制玩具箱數量。照片中的白色箱子就是女兒們目前可放的玩具空間。

固定玩具箱的數量和類別，不僅收拾起來方便，也讓孩子學會整理玩具。

備品或小物，用收納盒大小決定

越容易增生的物品越要給予空間的限制。體積小、種類多的個人小物或生活用品，可以用收納盒控管數量，每次添購備品時，也只買放得下收納盒的量。

清潔備品，用PP抽屜定量

家裡平時會多準備菜瓜布、垃圾袋、清潔劑等備品，這些小物就用多層的PP抽屜定量。

文具，用分隔收納盒定量

女兒們的文具，像是自動鉛筆、蠟筆、彩色筆等，我幫她們準備小型收納盒，也告訴她們如何分類整理。

零食乾貨，用聚乙烯收納箱定量

零食也是居家生活不可或缺的一部分，但我們家少量吃，並且用一個小型零食籃裝，裡面以各類大小紙袋分類，方便抽取食物。

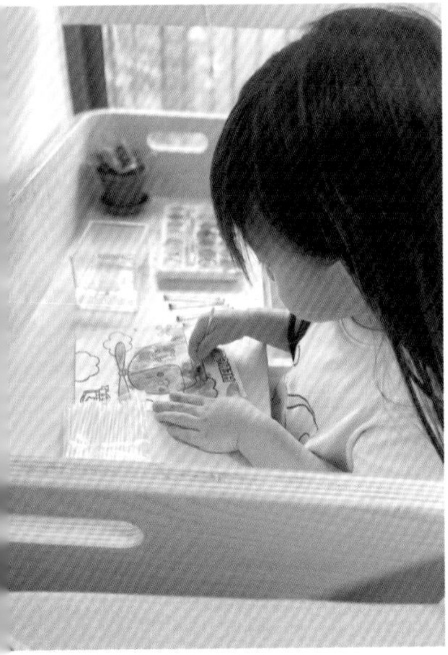

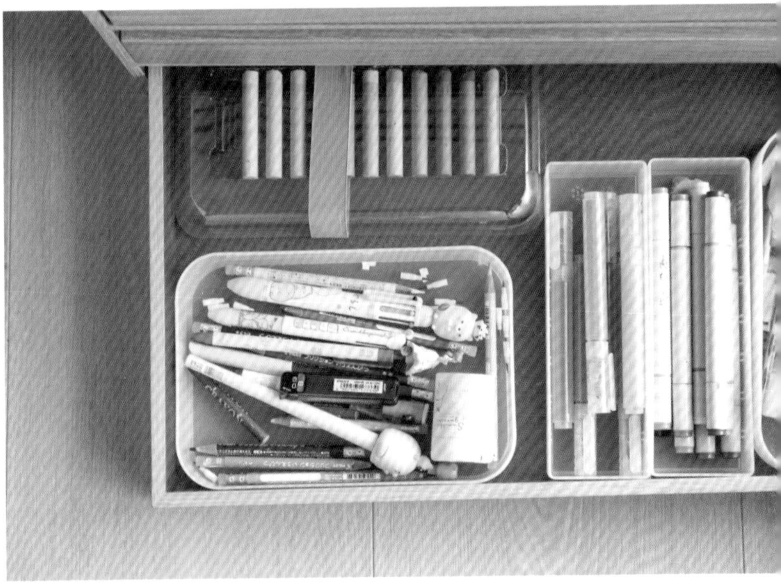

女兒愛畫畫，讓孩子畫畫的同時，我也選擇適當大小的收納盒，告訴孩子這些物品的家在哪裡，培養整理習慣。

紙袋塑膠袋，用檔案盒決定數量

購物難免會累積紙袋和塑膠袋，我只保留少數的袋子，並且折起收好，放在櫃子下方的檔案盒中，需要時就拿出來用。

秉持「用收納空間決定物品數量」的原則，不論來了多少物品，只要有進有出，數量控制在收納盒或收納櫃裡，不隨意衍生新的收納用品，這樣物品總量和空間整齊感就容易維持，家裡就能常保清爽不混亂。

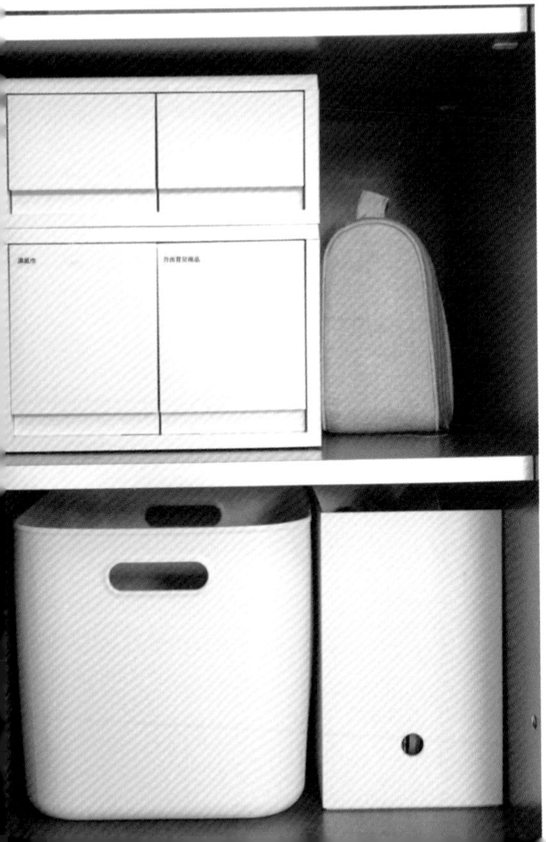

上／ 將紙袋放進收納籃，分類清楚，拿取辨識也方便。

下／ 下方右側的白色檔案盒是我們家擺放各類紙袋的地方，以一個收納盒作為數量底限。

「7個6」簡約服裝穿搭術

「7個6」的靈感來自於我清點自己的衣物時，發現很多種類都剛好是6件，於是試著歸納出7個衣物種類，並將它們皆統一為6件，從此不增加數量，只更新不適用的衣服，到現在已經有5年的時間，非但不覺得不夠用，反而減少許多整理、換季、搭配的時間，儘管數量少，但只要嚴選適合自己風格、款式的單品，就能適應各種場合，先決定下半身穿著，全身穿搭30秒內搞定。

春夏版

1. 做為搭配基礎的下身衣物 6 件。
2. 做為個人風格呈現的洋裝或套裝 6 件。
3. 可單穿也可內搭的 T 恤或內搭衣 6 件。
4. 適合各種生活型態的正式款上衣 6 件。
5. 兼具修飾與搭配功能的外套6件。
6. 舒適簡約的經典鞋款 6 雙。
7. 展現質感與品味的包包 6 個。

秋冬版

1. 做為搭配基礎的下身衣物 6 件。
2. 做為個人風格呈現的洋裝或套裝 6 件。
3. 可單穿也可內搭的薄款上衣6件。
4. 適合各種生活型態的厚款上衣 6 件。
5. 兼具保暖與搭配功能的外套6件。
6. 舒適簡約的經典鞋款 6 雙。
7. 展現質感與品味的包包 6 個。

（* 鞋子、包包在換季時皆可重複）

「2＋2＋2」的原則

除了7個6的穿搭術，我還會在各類單品進行小分類，比如6雙鞋就分成平底鞋、高跟鞋、特殊鞋款；其中兩雙是最常穿的平底鞋，一雙休閒款，一雙正式款；另外兩雙則是高跟鞋，一雙深色，一雙淺色；最後保留特殊需求的兩雙，一雙靴子，一雙拖鞋；這6雙都是穿壞了一雙，再買一雙，款式、顏色甚至是品牌，都幾乎固定下來，在選物品搭配上方便許多。

不限定7類6件，定量才是重點

現在不妨一起試試看，跟著7大種類選擇你衣櫃裡的各種「6」，享受搭配的樂趣，最重要的是，可以就此把握機會將「7個6」以外的衣物淘汰出局。

雖然很多人都說「7個6」太困難了，絕對做不到，但要提醒大家的是7類或6件不是重點，定量才是，你可以是「7個10」、「8個5」，總比任由衣櫥爆炸好，每次篩選時，總會再發現一些不穿的衣服，只要開始試著做看看就會有收穫，大家可依照自己的穿搭習慣定量，不在定量範圍內、猶豫是否要丟的衣服，可以給「觀察期」，但請另外分開收納，期限到仍沒有穿便可斷然捨棄。

若是不曉得自己喜好、特色的人，先藉由「減法」，剔除掉不喜歡、沒在穿的衣服，只要數量一減少，就能慢慢了解自己的需求，衣物整理不只是物品的整理，也是一段更了解、認識自己的旅程。

「7個6」是我在斷捨離10幾年衣服中，最能持續精簡衣櫥的方法，而如今我也不需要再計算自己衣服是否每項都是6件，只要把握一進一出的原則，同時保持體重不暴增，衣物穿搭和換季整理都能輕鬆完成。

居家空間需要溫柔的對待，將家中的物品做好分類，仔細挑選需要的衣物，同品項擺放在一起整潔又美觀，也節省許多選衣收納的時間，讓生活多了一分從容自在。

Tips

篩選技巧

- 「6」不是重點，「定量」才是。
- 只保留「現在要穿的」。
- 只保留「適合自己的」。
- 只保留「穿了不會想要換掉的」。
- 只保留「穿了能讓自己加分的」。

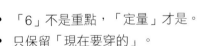

以價制量，選擇1個就夠用的生活用品

在購買物品時，我們可能會因為精打細算，而選擇價格較低但不合用的物品，比如說現在手上有500元，你會選擇花500元買一個多功能的美麗杯子，還是買10個50元廉價又粗糙的杯子呢？我認為既然是要使用的物品，就要進行嚴選，買一個價位稍高，功能、外觀都是喜歡的杯子，比貪小便宜買一堆杯子卻沒有一個合用來得實際，帶有設計感的日常用品只要1個就能滿足所需，加上價格稍高，也能抑制我們無限制的消費購買。

廚房用具、私人物品、日常物品，數量可以少或是1

若定調為不可或缺的物品，我會盡量選擇中上價位購買，比如料理夾是烹調用餐時的重要物品，我選擇日本「柳宗里」的不鏽鋼夾，方便實用又順手的設計，有1個就足夠，雖然價格稍高，但也還能負擔得起，這是我選物的標準。而臉盆、水瓢等很有生活感的日常物品，則選擇簡單的白色款式，雖然價位也比一般花花綠綠的同類物品高一些，但能讓空間維持整潔清爽，而且好看的物品有著設計者的堅持，所以通常也都是好用的東西。

「柳宗里」的料理夾是我很喜歡的廚房用品，雖然價格稍高，但堅固又耐用。

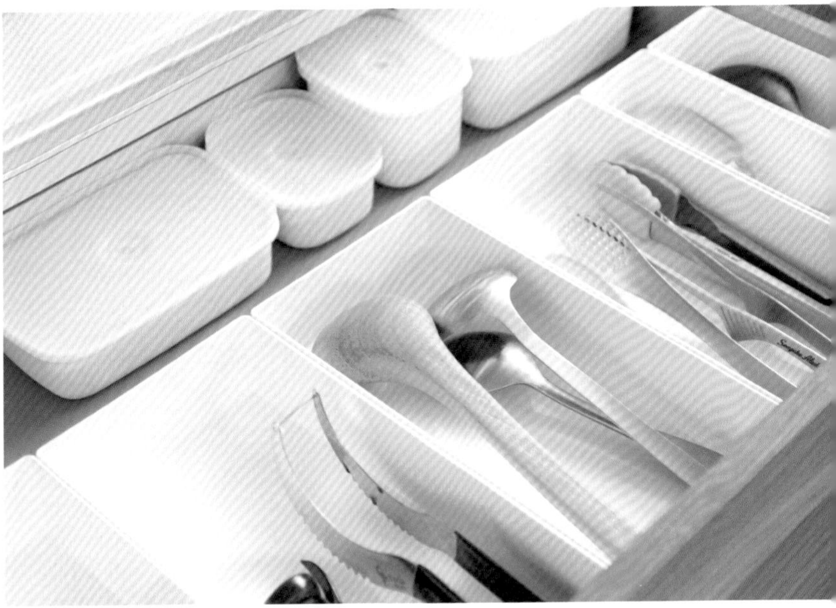

利用價格嚴選出真正需要的物品，也能避免無上限消費。

生活備品，用1～2個月的使用量來定量

生活備品不可或缺，卻得經常購買補貨，這些物品可以用1～2個月的使用量來定量，以我家來說，每兩個月需添購以下的生活備品：

- 菜瓜布6個／濾網2包／杯刷替換海綿2個／去漬海綿3個
- 洗手乳補充瓶2罐／洗碗精補充瓶1罐／蔬果清潔劑補充瓶1罐
- 縫隙刷2把／保溫杯清潔刷2個／小刷子3把
- 抹布1捆／廚房紙巾6捲

只要試著記錄一次，就能確定每次採買的時間，省時方便，不用再掛念是否有未完成的家事，就算少物也不缺乏。

數量可以是0的物品

生活中有些看似「大家都有」的必需品，其實不一定需要，尤其當它們的存在反而造成整裡的拖延和不便時，用其他物件代替也許是更好的做法。

玄關不一定要有衣帽架

樹枝狀或吊桿式的衣帽架看似方便，其實在告訴你：

「先掛再說，反正等一下會收！」
「統統掛上去好方便喔！」
「反正過幾天又要用到，不用收了啦！」

感到方便其實是不想收拾的藉口，如果真的有吊掛衣帽的需求，找幾個簡約又有質感的掛勾，並盡量掛在門後或牆面角落，而且掛的數量不能多才不會拖延不整理，其實每天在穿的外套拿的包包也就那一兩個，不穿不用了就應該回去它們的家。

玄關不要放置鞋架

鞋櫃以外的鞋架也是亂源之一，多添購的鞋架正在告訴你：

「你的鞋子不一定要放回鞋櫃裡喔！」

「你的鞋子放不下鞋櫃也沒關係，你還有我，或很多的我！」

「反正就放不下了，地板隨便擺吧！」

許多人的家中會有一到兩座的鞋櫃或更多的開放式鞋架，一旦鞋子暴露在外就容易萌生鞋子不一定要收在櫃子裡的想法，也更容易隨意擺放，而堆在一起的結果便是讓玄關看起來雜亂，但家門應該保持暢通，因此不添購開放式鞋架，只留下需要的鞋子，並擺放在櫃子裡，讓門口淨空，才能維持整潔的空間。

客廳不一定需要茶几

在客廳放什麼家具比放什麼物品更重要，篩選淘汰的物品還包含不合用的家具，客廳若少了茶几，就多了更多的使用方式，幫公共區域製造大量的留白，讓客廳成為全家人生活的核心。

廚房不一定要有瀝水籃

洗碗盤必須要瀝乾水分，但瀝乾方式有很多種，比如少許的碗只要倒扣在大盤子上就可以瀝乾，洗菜、洗水果時也可以利用有提把的網籃瀝水，一項物品就有多種用途，不需要再多出一個占用廚房檯面的瀝水籃。

臥室不一定要有衣櫥和化妝台

臥室的擺設以自己會在裡面從事的活動來篩選必要家具，並且盡量選擇簡單多功能的款式，比如只是偶爾會需要書寫或看書，也不一定要有書桌和書櫃，可以活動式邊几或長凳代替，如果化妝品、保養品不多，也可以直接用收納盒加化妝鏡當作簡易的梳妝台。

不一定要為客人留寢具和餐具

如果家裡只是偶爾有客人留宿，那麼平常備用的寢具、餐具，以及上學或露營用的睡袋也就足夠使用了，像飯店舒適清爽的家是給家人們享用的，交情好的客人享受的是情感間的交流，我們已經盛情款待，不夠熟識的朋友應該不會有留宿的機會，所以囤積大量的寢具、餐具確實多餘。

兒童房不一定要用兒童家具

兒童專用的家具、桌椅大多顏色鮮豔、體積龐大，但使用的時間其實不長，學齡前的孩子多半跟父母同房，到了青少年時期他們就嫌棄兒童家具太過幼稚，也不符合那時的需求了，所以兒童房一開始留白最好，再依據每個時期慢慢添購和更新，並且盡量選擇長大還能使用的簡約款式家具。

不一定要裝潢、不一定要釘木作櫃

家裡別為了充分利用空間而將木作櫃釘好釘滿，原則上深度超過40公分的收納櫃，最後排的物品根本拿不到，而若是裝釘過高的櫃子，即使伸手拿取也感到吃力，那麼上方空間通常也只是囤積雜物而已，倒不如只留下常用的物品，以活動式的輕巧家具收納，打造家裡成為獨一無二的風格，既實用又能帶的走。

生活中需要什麼物品、需要多少，取決於自己，定量是整理的必經環節，只要仔細觀察、紀錄，就能發現真正符合使用需要的數量，不需要的物品，歸零也無妨。

多功能的大容量保鮮盒可作為瀝水籃／洗菜籃使用。

臥室可以用活動式邊几靈活擺放物品，實行減物的簡約生活。

兒童房一開始先留白，隨著孩子長大再慢慢添購需要的物品。

家裡不一定釘木作櫃，仔細整理需要的物品，打造家裡成為獨一無二的風格。

04

藏拙——整理的最高原則

在整理居家物品時，我們常會為了方便而將物品赤裸的擺在外頭，又或是收納時沒有考量和諧性，看見可以使用的物品隨手就買，但擺在家裡卻顯得色彩不協調、尺寸大小不統一，為了避免發生類似情形，可以利用藏拙的原則，將物品依照使用習慣分類，並以系統化來收納物品，選擇同款式、同顏色的收納用物，讓收納也能像擺設一樣美觀。

以「集中」的原則來定位

整理時常常不曉得該如何開始分類，有些物品雖然不同類，卻經常一起使用，這時候可以用群組概念，集中同屬性的物品，收納在使用場所附近，如此也是一個聰明的分類方式。

依照使用頻率分為3類

- 每天用：每天都會使用的物品，例如：手機、錢包、鑰匙、口罩等。
- 常常用：每兩到三天或至少一週會用一次的物品，以及替換率高的備品，例如：購物袋、雨具、衛生紙等。
- 偶爾用：一個月以上、季節性物品，甚至一年才用一次的物品，例如：露營用品、慶生會裝飾、暖爐、電扇等。

集中同群組物品

「群組」指的是每次都會一起使用的物品，所以將它們歸納為同一群組，這些物品並不一定都是同個種類的物品，因此要跳脫收納一定要按照種類歸位的迷思，將物品進行群組分類，主要是因為生活中的各式群組分散放置的話，可想而知要拿取物品將會耗費多餘的時間和力氣，也會降低使用後要再物歸原位的意願，例如：想要寄件或寄包裹時，要先從筆筒拿出筆，再去文具區拿紙或信封，再到工具箱拿剪刀和膠帶，此時若能將同屬性物品放置在一個收納盒中，就會方便許多。

外出群組依照季節需求，可以
將雨具和隨身小電扇放在一起。

醫藥群組裡有藥膏、OK 繃等，
需要時可以整盒提走取用。

生活中的各式群組

Tips

- **寄件群組**：
  剪刀、封箱膠帶、信紙、信封、筆
- **工作群組**：
  節拍器、便條紙、索引標籤、獎勵印章、遊戲卡
- **醫藥群組**：
  止癢藥膏、消毒藥水、OK繃、棉花棒、貼布
- **化妝群組**：
  化妝品、保養品、面膜、修眉刀
- **攝影群組**：
  單眼相機、腳架、充電器、電池、遙控器
- **游泳群組**：
  泳裝、泳帽、泳鏡、泳圈
- **外出群組**：
  雨傘、輕便型雨衣、隨身小電扇
- **玩樂群組**：
  玩沙用具、海灘球、泡泡機、飛盤、野餐墊
- **嬰童群組**：
  尿布、濕紙巾、屁屁膏、指甲剪、棉花棒、乳液、體溫計

嬰童照顧群組內都是照顧孩子的必需品，放在一起方便出門攜帶。

集中定位，集中收納

沒有被劃分到特殊群組中的其他物品，可以集中定位和收納，只以頻率高低分配櫃體高度與位置，不要將同類物品四散，難以管理也容易遺忘，以我們家來說，全家人的衣物都放在兒童房的大衣櫃，換季時只需挪動抽屜或對調吊桿和抽屜的衣服，不用一小時即可將全家人衣物換季完成。

另外，有小孩的家庭一定會有玩具，以我們家為例，兩姊妹的玩具全部集中在工作室，優點是收拾整理時很迅速，也不會遺忘有哪些玩具。大玩具用尺寸符合的聚乙烯收納，常玩的小玩具，統一用夾鏈袋做細分類，然後放入聚乙稀做大分類收納，家家酒系列玩具，統一收納在家家酒廚房櫃子內集中定位，並以收納箱和收納櫃決定玩具數量，放不下的時候就代表需要篩選淘汰。

除此之外，外出物品集中收納在玄關櫃，書籍集中收納在書櫃，廚房用品集中收納在櫥櫃，使用頻率少的物品集中收納在儲藏室或儲物櫃，並貼上標籤或寫下來，「待辦箱」也要集中放置，並常常檢視是否有適合的時機送出門，常保家中使用動線的暢通。

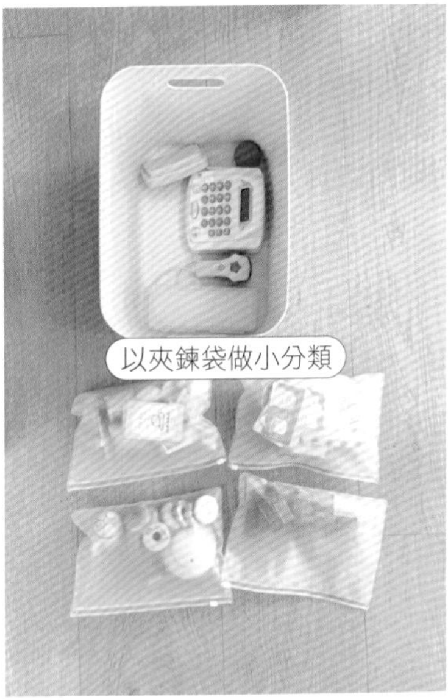

家裡的玩具依照大小和使用頻率分類，想玩時就知道要打開哪個盒子。

我們全家的衣櫃只有一個，
換季時只需要挪動抽屜和對
調吊桿即可。

1 安全座椅
2 備用寢具
3 媽媽衣物
4 爸媽冬季衣物
5 恩典牌
6 過季衣物
7 妹妹衣物、其他兒童用品
8 玩偶
9 姊姊未來衣物
10 爸爸衣物
11 姊姊衣物

以「系統化」來收納用品

要打造可以藏拙的收納，從定位規劃和收納用品選擇，我都認為需要「系統化」，包括：

- 款式系統化：同類別物品用同款式的收納用具。
- 顏色系統化：同個空間中用同色系的收納用具。
- 尺寸系統化：排列組合後在視覺上感覺整齊不突兀。

簡單而言就是要「統一」，款式統一、顏色統一、尺寸統一。我家的收納三寶是日本品牌無印良品的「PP系列」、「檔案盒」與「聚乙烯收納盒」，這是協助我完成家裡收納系統化的大功臣，細數我家的收納用品，90％都是這三寶，有任何物品需定位收納時，只要這三寶出場，大概都能解決，這三類收納用品都有以下特點：

- 用途多功能，不設限的使用方式。
- 同款商品尺寸選擇多，許多款式可堆疊。

- 和無印良品家具的尺寸可互相搭配。
- 外型簡單，容易打造整齊清爽的視覺享受。
- 檔案盒和聚乙烯系列可加購蓋子，檔案盒還能加裝輪子，使用性更多元。

收納用品也是家具的一環，會感覺凌亂有時不是因為沒有收拾整齊、也不是因為物品多寡，而是顏色款式五花八門的收納用品，產生了視覺上的疲勞，再怎麼整理總覺得不夠清爽，如果能試著調整、統一收納用品，會有意想不到的效果。

常用工具以 PP 整理盒收納，細小工具以聚丙烯小物盒收納，分區統一顏色、款式和尺寸。

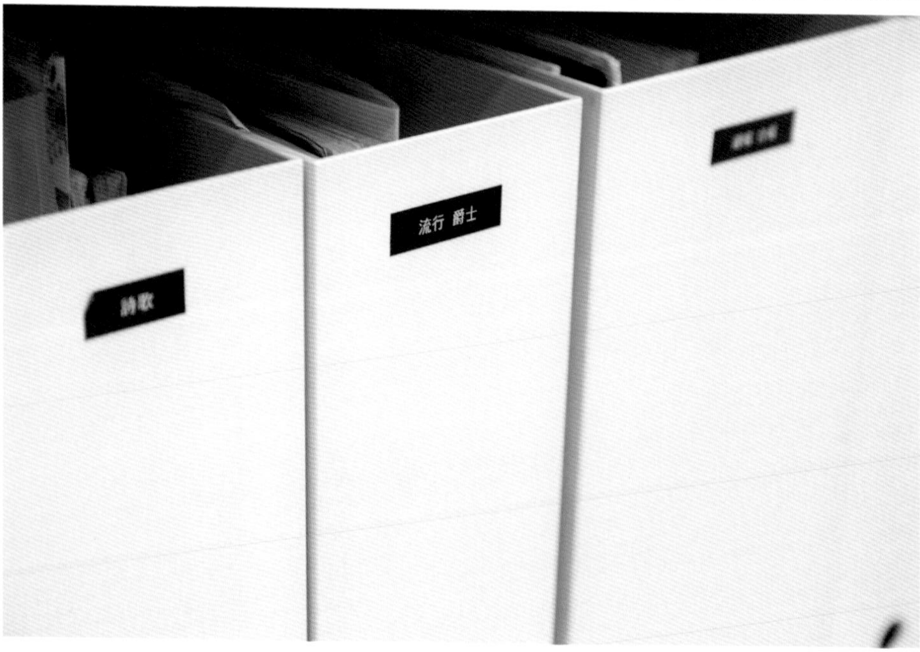

鋼琴教材統一以「立式斜口檔案盒」收納，並在背面貼上標籤，整齊美觀又易分類。

數量較多或一整本的文件可以統一用「聚丙烯手提文件包」收納，裡面可以再加入「PP 分隔盒」活用。

打造抽屜式收納

收納用品琳瑯滿目，一看到就選擇障礙發作，選錯收納用品又衍生雜物，變成惡性循環，這時候，將家具打造成「抽屜式」收納，就能兼顧實用與美觀，解決許多問題，我將抽屜式收納分為3種

1

抽屜式家具

如果原本就已經有抽屜的家具，那麼只要在抽屜內加裝適當尺寸的收納盒，幫助「物品分隔」及「定位」，就能妥善分類物品。

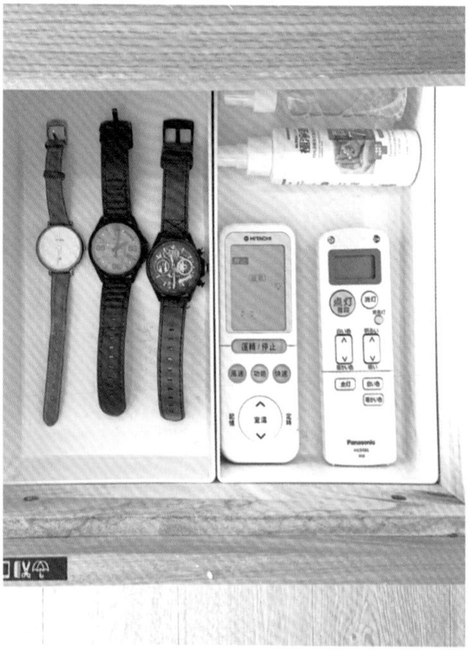

玄關處的鞋櫃最上層，我用適當的收納盒分類鑰匙、零錢包等外出用品。

上方的開放式檯面可以選擇能遮住物品高度的收納盒，就不會露出雜物，而下方的層架空間大，改造成抽屜式收納後，整齊又美觀。

2

層架式家具＋抽屜盒

大櫃子的層架空間很大，所以很多人習慣塞入大收納箱，誤以為把所有東西藏起來看不到就整齊美觀，或認為大收納箱能增加很多收納空間，其實塞成一團很難拿取也無法分類，若能在層架型家具內加裝抽屜盒或抽屜箱，物品既能明確分類，也更方便拿取使用。

3

開放式檯面＋抽屜盒

檯面上或開放式收納最怕雜亂感，要淨空又做不到，會心想為何用了收納盒還是覺得亂，此時只要將「收納盒換成抽屜盒」，或是「選擇能遮住物品高度」的收納盒，就能在視線內看不到雜物，順利運用檯面上收納。

關於收納的3不1要

在指導學員整理收納時，最常被問到的問題不外乎：
「這個櫃子很深，我要買什麼收納盒比較合適？」
「我覺得這邊櫃子高度放不到東西，有點浪費空間，可以怎麼利用？」
「哪一種收納盒可以裝比較多東西？」
「我想說家裡要有質感，覺得這很漂亮就買了，可是不知道要裝什麼？」

這些都是一般關於收納的迷思，因此我歸納出選擇收納用品的「3不1要」原則，大家在打造收納空間時可以多多活用：

1. 不：不要只做表面功夫。
2. 不：不要只想著充分利用空間。
3. 不：不要只買大的收納用品。
4. 要：要能確實分類分隔。

台灣的房子在裝潢時，都習慣釘許多木作櫃以滿足收納需求，因此家裡到處都是又深又高的櫃子，實際入住後才發現，這樣的櫃子非但不好用，還容易淪為藏汙納垢的雜物聚所。

其實，櫃子樣式、深度都不是考量收納用品最大因素，要放什麼物品、如何取用方便才是重點，所以可以先規劃出要收納的物品，或先「裸放」看看，依照拿取的感覺，去選擇不會阻礙動線和順手感的收納用品，切勿先買了一堆收納用品，再來想要放些什麼，這樣根本是本末倒置。

而櫃子深度也不一定要全部利用，留白也很好，反正都已經開始少物了，填滿空間早已不是選項，選擇你喜歡的、用的順手的收納品，沒有填滿深度也無妨，少物就是可以浪費空間，是櫃子做錯了，不應該做那麼深，沒有任何收納用品放在那麼深的櫃子還好拿的，「不要用別人錯誤的設計來懲罰自己」。

想要利用空間是以「物」為考量，而拿取時方便開心則是以「使用者」來考量，使用者才是主角，別讓物品反客為主。

適度的留白不僅讓空間感覺清爽舒適，這種有餘裕的滿足感受，也是溫柔對待自己的表現。

05 留白——體會空間的美感

留白，蘊含給生活喘息的空間，也是讓自己有一片放鬆的地方，人們常會因為感到不安而囤積大量物品，使得家裡變得過於擁擠，走動也極不方便，適當的留白，讓居家動線更清晰，生活不繁雜，變得更有層次，也能感受到有餘裕的美好。

不足又何妨

某次朋友們臨時造訪，四個家庭，共計8大7小，大人們聊天喝茶，小孩們跑跳玩耍，晚餐時刻來到，我們把原本當作餐椅的長凳，挪到客廳當成孩子們的餐桌，家中所有的椅子都搬出來圍在大人的餐桌旁，但是並沒有足夠的小椅凳可以給孩子們坐，於是發揮創意的時刻來了。

每個孩子開始找尋可以當成餐椅的物品，最後就構成了照片中的畫面，這實在太有趣了，事後和大女兒聊到時，她很開心的提筆畫下，相信這也會是當晚每位朋友印象深刻的回憶。

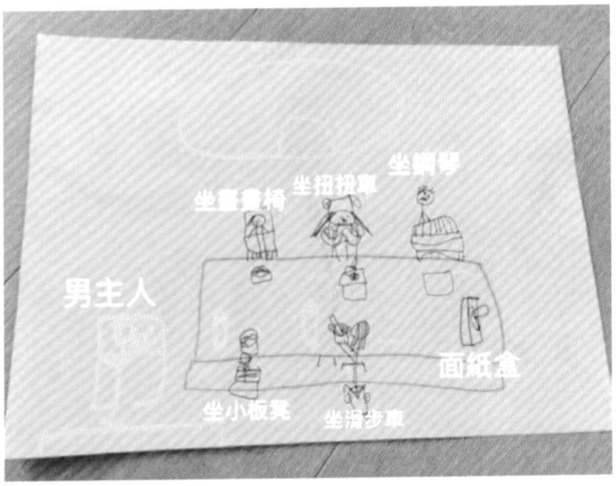

孩子們拿著玩具車、小鋼琴等當成餐椅，
既可愛又有趣。

人們常會因為「不安」與「焦慮」而囤積物品，我也曾經看過許多家庭預留了大量的餐具，要給一年出現不到一次的客人們使用，但自己真正每天在使用的廚房空間，卻因此窒礙難行、雜物滿堆。

其實家人和自己才是最應該用心款待的對象，更何況有很多人留著的是「食之無味，棄之可惜」的物品，以不浪費之名，行不願面對之實，假借留著給客人用，其實只是不想丟，想必客人要是知道了也不會開心，倒不如拿平常就在使用的佳品來款待客人，豈不更好。

所以「不足」並沒有那麼可怕，相反地，為了擔心不足而不停填滿，才會讓家裡變得很可怕。

那天朋友們離開後，無印之家又快速的回復原狀，這就是少物的好處，在任何時候，都能敞開大門，自信歡迎每位來訪的貴賓，以清爽舒適的空間款待客人，就是我們對客人最珍貴的心意。

空間留白的重要性

常有人疑惑且這樣詢問：

「妳有兩個小孩，家裡怎麼還可以維持這麼清爽呢？」
「小孩難道不會想要多一點玩具嗎？」
「一家四口只有一個衣櫥，怎麼可能會夠呢？」
「你家真的只有27坪嗎？到底怎麼做到的？」

其實不只大家有這些疑惑，我也常常這樣問自己，在實踐簡約生活的這些年，有一句話一直是我的座右銘，那就是「沒有什麼物品，比空間更珍貴。」這句話深深的影響我，也是我在整理時的最大原則。

或許有人會問：「物品也很重要啊！難道你不需要冰箱、洗衣機嗎？」沒錯，有些物品的確是生活中不可或缺的，但「沒有什麼物品，比空間更珍貴。」這句話指的不是不需要物品，而是請大家思考「人」、「物品」和「空間」的關係。

如果住在只有5坪大小的套房內，你會去放一個對開雙門冰箱嗎？如果只有一個人住，會在客廳放1＋2＋3的沙發組嗎？到親子餐廳用餐，如果店內擁擠不堪，孩子玩耍時不斷被玩具、桌椅絆倒，你還會想要再次光顧嗎？

物品存在是為了讓生活更方便，有空間使用才會讓物品發揮功能，但大多數的人，擁有物品的目的很模糊，甚至只是為了想買而買。例如：

買了幾十萬的家庭劇院音響，
結果沙發上都是雜物，根本沒有空位可以坐下來好好聆賞。
買了時下最熱門的廚房家電、鍋具，
結果廚房沒有位置可以擺放，最後只能放在後陽台。
買了滿坑滿谷的玩具，
結果房間都被玩具佔滿，小孩根本沒辦法盡興的玩耍。
買了一件又一件的新衣，
結果減肥還是沒有成功，只好繼續花錢買新衣。
買的書已經塞不下書櫃了，
結果每天回到家累得半死，只想追劇＋發懶＋耍廢。

我們最需要的不是那些早已氾濫的物品，而是「空間」，製造「留白」就能多出可使用的空間。

客廳保持70％的留白，只有30％擺放家具和收納櫃，並盡量避免高大的櫃子，造成空間狹隘的壓迫感，大量的留白讓客廳更多元運用，成為一個家庭生活的核心。

廚房至少要空出60～90公分寬的備料檯面，櫥櫃內的每一個收納空間只使用70％～80％，讓物品好收納、容易拿，減少下廚時的忙亂。

而臥室是休憩的地方，衣櫥、更衣室須避免成為囤積雜物的倉庫，臥室內至少保持30％的留白，床鋪和桌面盡量淨空，讓房間洋溢平靜的氛圍。

一不小心就會增生物品的兒童房和書房，更需要時常整理，保持留白，畢竟能充分玩樂的空間比玩具數量更重要，能專心閱讀的環境比書籍數量更重要。

物品很重要，但空間和物品是相斥的，擁有的物品越多，能使用的空間就越少，所以先思考自己需要有多少空間，才能方便、理想的生活，而且這些空間就是再怎麼樣都不能被剝奪或捨棄的，其次才是思考要擁有哪些物品來協助自己，我們是這個家的主人，我們才是生活中的主角，別讓物品反客為主。

客廳保持 70%的留白，並盡量
選用低矮的傢俱。

臥室就應該洋溢著舒適
放鬆的氛圍。

我們不缺乏美麗多樣的餐盤，重要的是有沒有乾淨清爽的餐桌可以好好用餐。

廚房備料檯面至少要留有 60 ～ 90 公分，烹飪時才會更方便。

時間留白

日本時間設計師荒野菜美在《人生要清爽》這本書提到一個觀念：「外出時，提早一小時到達。」我很喜歡這本書的內容，所以作者提到的每個觀念，我都會想要試看看，但我又認為自己是一個講究效率，很會利用時間的人，對於要空出一個小時提前到達，實在有違我平日的習慣，「這不會很浪費時間嗎？」作者提到的做法讓我既疑惑又好奇。

有次，到台北參加一個全日課程，心想既然要搭乘大眾運輸工具，倒不如提早一小時抵達，當我到達現場時，有充裕的時間可以悠閒的買杯咖啡，坐下來閱讀待會上課的講義和參考書，接下來一整天，不但精神飽滿，對於課程內容也能馬上融會貫通。

喔！原來提早10分鐘跟提早一小時的差別在這裡！時間的留白指的不是「越快越好」，而是「越享受越好」，與其想破頭去利用少許的「縫隙」，倒不如擴大留白，就能好好享受，擁有更多的使用方式，不論空間或時間都是如此。

不論做什麼都開心的去感受，不知不覺就能順利的完成工作。

以前的我凡事講求效率，不想做的、怕麻煩的事就會拖延，因此想透過整理來達成目的，但現在的我希望自己做任何事都能「享受」，不再只是一味追求「快速」和「效率」，不論做什麼都開心地去感受，不知不覺就能順利的完成工作，為了打造理想中的住家，享受每天的生活，必然會將物品去蕪存菁，認真地看待周圍的人事物。

心境留白

家，是令人全然放鬆的地方，
家，是讓人感覺幸福的所在。
而真正的幸福是，
要具有感覺幸福的能力，
要具有感受美的能力，
要具有感謝知足的能力。

整理並非萬能，但它提供的是一個「改變」的機會，整理妥當的空間，能讓人感覺幸福、感受美，並進而感謝知足欣賞自己擁有的一切。

自在、愜意、平靜、安穩，足以描寫這個家給予我的感受。自在，即是不受拘束，自由、自若、安閒自得；愜意，感到滿意、稱心且舒適；平靜，心理有餘裕，可以消化負面的情緒；安穩，身體有餘力，可以調整混亂的思緒。

我是一個基督徒，我深知信仰能帶給我內心的平安與喜樂，縱使生活不會因此一帆風順，但當遭遇混亂、危急時，整頓好的家，能穩固我們浮動的心，使我們更快站穩腳步。

平靜安穩，也是得力的開始。

家裡電視櫃有一格櫃子，長久都保持留白，先生問我：「這裡要放些什麼？」我想了想回答他：「什麼都不要放最美。」

CHAPTER

03

21天把家裡從倉庫變飯店

準備・診斷・行動

DAY / 0

整理前的準備

準備動手整理家裡時，事前的準備是相當重要的，這樣才能讓之後的整理事半功倍，一開始我們可以先用擬人化的方式想像，如果自己是這個家的老闆，而物品是員工，那麼會希望員工如何做事呢？還有該如何將員工的效能發揮最大化，才能讓整個家看起來有條不紊、井然有序？接下來我們一步一步著手規畫，並且開始實行。

｜準備一｜ 默想紀錄

在整理的第一步，我們先假設自己是這個家的老闆，而物品是你的員工，然後想想以下的狀況：

如果我是老闆，我應該認識旗下的所有員工，除非多到我記不得，所以，這個櫃子裡究竟有什麼？

如果我是老闆，我只留對公司有幫助的員工，連名字（功能）都想不起來的員工，他到底為何在這裡？誰錄用他的？！

如果我是老闆，會需要效率極高的員工，能取代兩三個員工的工作量，我寧願花多一點的薪水和空間聘請他，也不要浪費白花花的鈔票，留下那些佔著位置不做事的員工。

| 準備二 | 找尋藍圖

每個人心中都有一個理想的家，在刻畫家的模樣時會先建構雛形，我家的雛形是在反覆觀看無印良品的商品目錄時逐漸構築的藍圖，那麼你心目中理想的家有什麼藍圖呢？可以先利用以下三個方式尋找：

☑ 搜尋關鍵字圖片，找到心中嚮往的藍圖。
☑ 翻找書中的圖片，拍照留存。
☑ 將這些美圖放在手機桌面或相簿中，反覆觀看。

| 準備三 | 拍照筆記

在勾勒出藍圖後，試著用不同以往的視角來看自己的家並且拍照記錄，會有全新的收穫喔！

☑ 往後一步，放眼觀看全貌，然後拍照。
☑ 看著照片，找出可以去除的物品，以及有疑慮的東西。
☑ 思考留下和捨去的這些物品，他們的處置方式。

整理前先規劃心中的藍圖，跟著步驟走，一定會很順利。

| 準備四 | 對整理要有正向態度

在第二章我們提到對物品的道德感要適可而止，除此之外也要懂得欣賞自己家的美，擁有正向的態度有助於整理。

- ☑對於物品的「道德感」要適可而止，不要無限上綱。
- ☑其他家人的物品是他的人生功課，不是我的敵人。
- ☑我的家很美，只是需要我去發掘。

| 準備五 | 陪伴你整理的好幫手

整理時要有一顆安靜的心，因為專注力夠才有助於做出正確的決定，而輕音樂可以幫助自己放鬆，垃圾袋與收納箱有助於我們更有效率分類物品。

- ☑準備一顆安靜的心面對待會的取捨篩選，因為專注力夠才可做出較快速有效率的決定。
- ☑準備喜歡的音樂，能夠幫助自己放鬆、緩和情緒的音樂，我通常選擇沒有歌詞的輕音樂陪伴我整理。
- ☑準備垃圾桶和垃圾袋，可以立即丟棄整理時看到的垃圾、紙張、瓶罐等。
- ☑準備數個紙箱或沒在用的收納箱，當作整理時很重要的「待辦箱」，可以幫助我們把空間從混亂變為井然有序。

開始整理吧！
接下來的每一天，
一定會很順利。

DAY / 01

診斷自己的家

第一天，我們先診斷自己的家，想像自己是一位醫生，家的每個部分就是身體的每個部位，了解身體有哪些不適的地方，尋找原因，進而解決，整理可從區分自己的家屬於何種階段，先找出不需要的物品，進而開始分類定位，最後再妥善收納，打造舒適有質感的家。

第一階段

這個階段處於物品很多、很少整理、有許多沒在用的東西，導致重要的物品沒位置放或是隨意擺放而常常找不到，屬於有縫就填滿的收納方式。這時候最重要的是區分出不需要的物品，並且從這個空間移除。

第二階段

移除不需要物品後，留下來的物品便會整齊放置，但還沒有妥善的分類與定位，因此物品很可能又再度囤積。這時候最重要的是按照類別或使用頻率分類，給予適合的收納，並幫物品定量，方便後續維持。

第三階段

物品已經按照使用頻率、使用場所妥善分類，並給予適合使用者的收納方式，而且一有多餘的物品會很容易發現，家中也因此出現許多留白的空間，這時候感到井然有序、清爽舒適，可以做些美化布置，讓家更美好。

第三階段的空間基本上物品已有妥善的整理和收納，可以繼續精簡這個區域的物品，創造更多的留白淨空，或是做些美化布置、更換更喜歡的收納用品。

今天是第一天，明天開始要進行的整理項目，不論物品多寡、不論是否擅長整理，只要掌握以下原則技巧，都能順利的幫物品減量、分類，做妥善的收納。

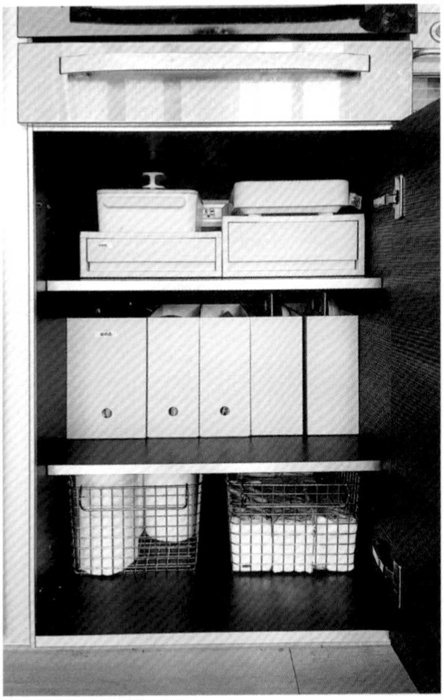

家的診斷書

整理無法一次到位，若是屬於第一階段的空間，經過 21 天整理後大概可到達第二階段，因此較為混亂的家，可以多整理幾次循環，不要求一次到位，只要方法正確，一定會越來越好，診斷自己的家屬於整理的哪一個階段，可以依照以下空間或物品種類區分：

1. 玄關、客廳
2. 廚房、衛浴
3. 衣物、臥室
4. 書籍、文件與紀念品
5. 兒童物品
6. 儲藏室

判斷自己的家，用意在於了解現階段家裡處於什麼狀況，最需要做什麼樣的整理方式，例如：若是處於第一階段的空間，最需要的是減少物品，把不需要的物品篩選出來。

第二階段最需要的是重新分類，思考物品放置拿取的動線和動作是否方便，可以重新依照使用頻率以及群組分類。

下，這些物品會帶給使用者滿足及愉悅的感覺，但若只是思考「該丟什麼」，目標不清的人會開始幫很多物品找留下來的理由，明明無用、明明被遺忘許久，最後只因為「還能用」、「丟了很浪費」這些遮掩自己罪惡感的念頭，又勉強把物品留下，繼續淪為雜物，這樣的整理實在沒有效率，倒不如一開始就只「選擇喜歡的」，除此以外的物品全數清除，不再重蹈覆轍。

STEP 1
集中

第一步先將物品全數取出，這時可以趁機檢視自己囤積多少物品，如果發現光將物品下架就得花上許多時間，那管理它們勢必更費時費力，減量當然也就勢在必行。

STEP 2
嚴選

選擇「留下什麼」，而不是「丟棄什麼」，喜歡的、常用的才會被留

STEP 3

定量

物品需要的數量多寡界定因人而異，考慮太多的結果又是勞心傷神，最有效率又免動腦的方法就是直接讓收納用品幫你決定，例如：廚房放保鮮盒的櫃子僅容得下 6 個保鮮盒，那 6 個就是數量的底線，不去思考夠不夠，就是只能留 6 個，不夠用時自會有變通之道。又或者放衣服的抽屜只有 4 個，衣服數量就只留放得下的，不需再購買新抽屜，不需想方設法如何收納，過一陣子你會發現，只有這些衣服一點困擾也沒有，就算有，也不會多過於思考如何整理收納的困擾。

STEP 4

藏拙

藏拙不是意味著把物品藏起來，眼不見為淨，而是讓物品收納的方便取用並且美觀，給物品一個舒適有質感的家，使這些重要的夥伴們變得更賞心悅目，是珍視它們的表現。

第 1 週

玄關客廳的整理與收納

玄關是一個家的門面，就好像一個人的臉，是給大家的第一印象，所以要格外的用心打理；而客廳是一個家的核心，就像人體的心臟一般，保持整潔寬敞，家中才有活力，並且更能凝聚全家人的情感。

跟著每天的步驟整理，讓玄關客廳清爽舒適，收拾起來也十分迅速，就算臨時有客人來訪也不必驚慌，自信大方地敞開大門歡迎吧！

BREAD
TIME
Simple Living

DAY / 02

玄關物品

帶著一顆愉悅輕鬆的心情，伴隨好聽的音樂，拿著垃圾桶（袋）和待辦箱，我們開始整理玄關吧！

STEP 1 集中

將玄關區的物品全數淨空，搬到地面集中放置，並將家裡其他空間屬於「外出用品」的類別，也一併集中，進行整理。

STEP 2 嚴選

在地上劃分一界線，將每樣物品拿起來，5秒鐘內判斷需要或不需要，需要的放右手邊，不需要的放左手邊。

玄關櫃集中放置外出物品，方便出門前取用。

- **偶爾使用**：
一個月甚至一年才用到一次的，例如行李箱、野餐墊、玩沙用具、球類器具等。

門口的口罩僅放短期內需要的數量，其它口罩則放在備品區。

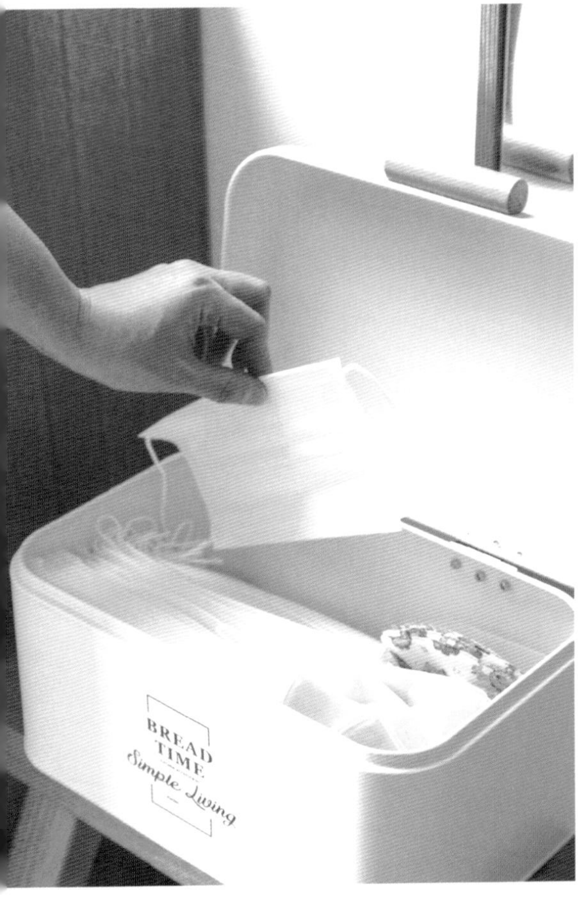

請記住，只要判斷需要（有在用）或不需要（沒在用），而不是判斷能不能用，那些可以用但沒在用的物品，就是害你家混亂的原因，一定要趁這個機會找出它們，不要再放回去了。

不需要的物品若無法使用，請直接按照類別丟棄垃圾桶，若還能使用，請放入「待辦箱」，不要停下來想它們的處置方式，只要先一樣一樣快速區分。

STEP 3

分類

將需要的物品，按照使用頻率分類，同使用頻率的物品集中放置。

- **每天使用**：
例如錢包、鑰匙、口罩、手帕、消毒噴霧、書包等。

- **常常使用**：
兩三天或一週內用到一次的，例購物袋、環保餐具、雨具等。

STEP 4
定量

常用物品我會「用收納空間決定物品數量」，比如玄關櫃內的層架，我放上抽屜收納箱，分類各式物品，每項物品的數量都有控制，保持「一進一出」的原則，不讓物品數量過多。

現在疫情之下，出門要準備口罩，因此，我們家在玄關處放置一個口罩收納盒，裡面放可容納的數量，而其他備用口罩則不收納在此處，因家中另有備品區的設計。出門前必準備的濕紙巾、面紙也是一樣的方式。

另外，有些物品我會以家中的「人口數」來定量，並且選出最好用、最漂亮的來使用，多出來的數量就淘汰，包括：

- 雨傘每人一把，車內備用一把。
- 環保餐具每人一副。
- 購物袋 + 保溫袋共 4 個。

STEP 5
藏拙

分類完成並定量的物品，可以著手進行收納，將同使用頻率的物品集中放置，把最好拿取的位置留給它們，若要給小孩自行拿取的物品，則要考慮孩子的身高和能力。

分類後的物品要進行收納，最重要的是考量動線和拿取的方式，是否可以很流暢、很迅速地取用，如果拿取一樣物品的動作超過 3 個，就會懶得歸位而導致隨意亂放。

玄關的家具若屬於層架式，我非常推薦用「抽屜式收納」來放置小型物品，一格抽屜一個類別，只要統一抽屜的款式或顏色，抽屜打開即可取用，關上又美觀藏拙。

至於偶爾才使用的外出物品，建議不要收納在玄關處，改放在家中的儲藏室，或是臥室內的儲物櫃，若一年都用不到 1 次的物品，代表不重要，捨棄也無妨，玄關是出入口，是家中的精華區，精簡物品，只放常用的，並固定數量，才會方便又好整理。

玄關櫃內部也有做好用品分類。

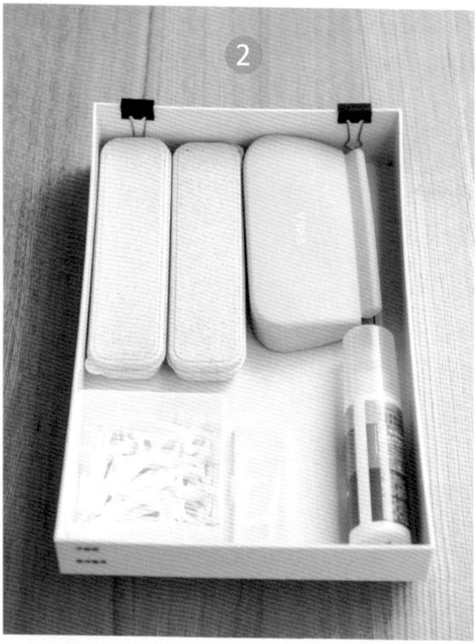
2

1

4

3
FamilyMart collection

1 化妝包、購物袋
2 環保餐具、酒精、牙線盒
3 小風扇、雨傘、便利雨衣
4 外出用濕紙巾、面紙
5 手帕、襪子、髮飾

收納小技巧

Tips

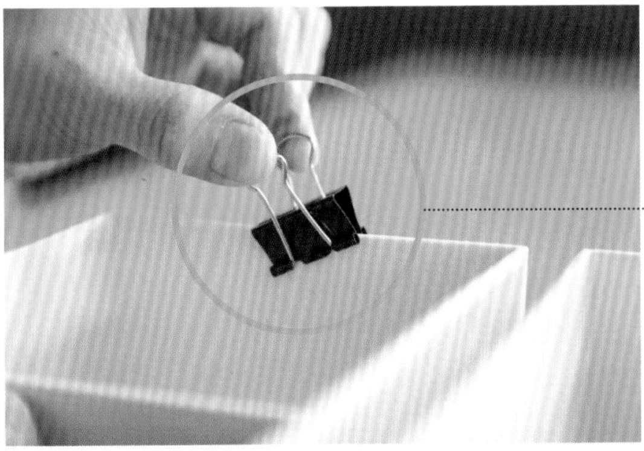

用長尾夾扣住，即可卡住抽屜避免掉落。

DAY / 03

鞋櫃

今天要來整理一個家的門面：鞋櫃，先想像自己的家要給客人的第一眼印象是什麼？並且以此想像去打造、整理，只要願意動起來就能更趨於理想生活，否則理想也只是幻想。

整理之前

拍照

首先先拿出手機或相機，以客人的角度，在打開家中大門時，往玄關鞋櫃處照一張相片，這就是客人來訪時對你家的第一印象，也是你每天回家開門看到的第一眼，畫面中是令你感到和諧放鬆，或是雜亂驚嚇呢？

STEP 1

集中

接下來將鞋櫃內的所有物品淨空，全部搬到地面，也請準備好垃圾桶和待辦箱，丟棄那些隨手放在鞋櫃內外不需要的廣告單、文件、發票、紙箱與紙袋。

STEP 2

嚴選

鞋子集中放到地面後，開始分類出需要與不需要的鞋子，不需要的鞋子包括以下 4 類：

- 難穿卻想著以後還要穿的鞋子。
- 小孩的鞋，尺寸太小或太大，款式不實穿。
- 鞋底破洞、磨損、又舊又髒的鞋。
- 過量卻很少使用到的室內拖鞋。

這些鞋子都可以捨棄，只留下現在就會穿的鞋，並將它們擦拭乾淨，有一些已知在未來會穿到的鞋，例如：冬天的靴子、小孩的未來鞋，若鞋櫃內沒有多餘空間，請用鞋盒裝好放置在衣櫥內或儲藏室。

STEP 3

定量

以前的我有很多鞋，多到有些從來沒穿過，搬到這個家後，「用收納空間來定量」成為我鞋子數量的準則，我家的鞋櫃很小巧，每人最多只能放 6 雙鞋，所以我用 6 雙鞋生活了 7 年多，穿壞一雙再買一雙，不但鞋櫃從不爆炸，對生活也沒有產生任何困擾，6 雙鞋分別如下：

- 平底皮鞋：平常穿，搭配較正式的服裝。
- 平底休閒鞋：平常穿，搭配較休閒的服裝。
- 深色高跟鞋：沒有帶小孩或正式的場合穿，搭配當天服裝色系。
- 淺色高跟鞋：沒有帶小孩或正式的場合穿，搭配當天服裝色系。
- 拖鞋：露營、去海邊或下雨天穿。
- 黑色長統雨靴：天冷或下大雨穿。

我的鞋子一共 6 雙，每一小類維持兩雙，有需要再替換購買。

STEP 4

藏拙

鞋櫃除了收納鞋子，若有剩餘空間，也可以收納鑰匙錢包等外出物品，特別要再提醒的是，玄關是門面，是第一印象，鞋櫃、玄關櫃應保持平面淨空，只留少許擺飾，若要放置物品，也要以美觀的收納盒為主，也可以加上綠色植栽點綴，更富清爽氣息。

STEP 5

再次拍照

整理後再次打開大門拍照，將整理前的照片做對照，是否驚訝自己的家原來也這麼美呢？如果還不滿意，那就反覆多整理幾次，常常檢視有無多餘的物品、常常思考收納是否符合動線和使用頻率、收納的方式是否可以藏拙，你的家，就會漸漸成為理想中的模樣。

DAY / 04

客廳

平面篇

客廳是家庭生活的核心，是每位家人都會使用到的區域，扣除睡覺、外出的時間，也可能是每個人在家裡停留最久的區域，在客廳從事一些活動時，就會伴隨一些物品，如果沒有物歸原位的習慣，每個人都隨手放置，客廳就會很難維持整齊。

整理之前

檢視

首先環顧你家的客廳，是否有以下物品，這些都是讓客廳雜亂的原因：

- 隨意放置的衣服、衣架
- 壞掉的遙控器
- 沒在看的 DVD 播放器或 CD
- 不知名的充電器或變壓器
- 已經發霉生鏽或布滿灰塵的擺飾
- 已經枯乾的盆栽
- 已經過期的報章雜誌、期刊
- 沒有用處的文件
- 過期的食品藥品
- 垃圾

STEP 1
集中

將客廳三大平面上的物品全數集中，包括沙發、茶几、電視櫃上方的物品，這些平面上隨手放置的物品，可能使用頻率都很高，但它們的家不在這些地方，先將屬於其他空間的物品物歸原位。

STEP 2
嚴選

接著要區分剩下的物品，需要的放右手邊，例如：遙控器、充電器；不需要的放左手邊，例如：DVD、報章雜誌，雖然我們有「待辦箱」可以用，但千萬不要濫用，所有不用的東西想都不想就丟入待辦箱，最後會累積一大堆東西要處理，又得花一次時間，所以請謹慎使用待辦箱。

STEP 4

藏拙

即便只有收納少許物品仍要講究質感，客廳呈現的模樣即是一個家的風格，收納用品也請嚴選喜歡的風格，垃圾桶、電線請安置在不顯眼的角落，或用家具遮蔽。其他整理後確定想要收納在客廳的物品，則先集中暫放在角落，等到第 5 天整理完收納櫃後，再一併考慮收納方式。

STEP 5

留白

如果要細數毫無用武之地又佔空間的家具，客廳茶几應該是第一名，它的存在通常只有 3 種下場：

- 拿來堆積雜物：這是沒有物歸原位或設計不良的收納空間導致。
- 拿來翹腳：那你需要的是腳凳不是茶几。
- 拿來當餐桌：但是大部分的人家中都另有餐桌。

像是雖然 CD 還可以聽，但你已經沒在聽，而且網路上就能搜尋到影音的 CD，那麼就請直接丟棄，若是套裝物品，像是古典音樂套書或是百科全書則可以考慮賣掉。

整理進行到此，也許心裡會有捨不得的心情，此時請理性考慮，即便這物品還能用，但家裡有多餘的空間擺放嗎？我以後真的會用嗎？當空間不夠時，更應該斷然捨棄可有可無的東西，只保留常用的即可。

STEP 3

定量

平面上盡量不要放置東西，只保留少許重要物品，例如：茶几上方只放面紙盒和遙控器，電視櫃上方只保留 1 ～ 2 樣裝飾品，若要收納物品請用抽屜式收納，沙發上則一律淨空，保持平面整潔。

上／餐桌的長凳平時是餐椅。
中／長凳搬到客廳後就可以做為茶几使用。
下／沙發旁的邊几椅可收在扶手處不占空間，橫放也可以使用

假使願意大膽捨棄客廳茶几，會有許多意想不到的好處，挪走了茶几，客廳將會大一倍，變得更明亮寬敞，自己和家人可以在電視機前方做做運動、跳伸展操，小孩可以在這空間遊戲、畫畫甚至騎車，客人來訪時可以有更多空間活用，就算沒有多餘的房間，也可以在這裡打地舖留宿，日常清掃更省時簡單。

需要用到茶几時也不用擔心，有許多變通的方法，比如我家的長凳平常是餐椅，需要茶几時就推到客廳，而收在沙發旁的小邊桌，也可以橫放當茶几，小孩的活動式桌椅也可當茶几或小餐桌，露營用的折疊箱高度也適合當茶几，說到這邊，你覺得還需要茶几嗎？

客廳地板空出來，就成了孩子的遊戲空間。

DAY / 05

客廳
收納櫃篇

適合收納在客廳的物品是全家人都會用到的「公共物品」，至於個人物品、大型物品、使用頻率低的物品，不要收納在客廳，客廳既是一個家的核心，也是客人來訪會駐足最久的區域，那就應當保持寬敞、清爽、好整理。

公共物品大概分為 6 個類別，最後一個是彈性空間，皆是運用集中→嚴選→定量→藏拙→留白的原則，一類一類的來整理，再將留下的物品放置在適合的位置，妥善收納。

類別 1
藥品區

首先將所有藥品集中，將過期的藥品、不會再使用的藥品、包裝不完整有受潮疑慮的藥品，全數淘汰，並依照居住地對於藥品丟棄的規定來處置。而留下的藥品則包括外用常備藥品、口服常備藥品等，至於小孩的常用藥水則保留未開封的即可，每個種類 1～2 罐，下次就醫時可詢問醫生開藥的類別，若是重複的就可以不用拿取，避免浪費。

接下來進行收納，客廳收納櫃大致可分為抽屜式與層架式，第一種可以用收納盒簡單分類收納，例如：外用藥一盒、口服藥一盒，體積小的藥膏可另外用小盒子收納。

層架型的家具可將藥品集中收納在醫藥箱，放置在層架內，沒有醫藥由於此處都是備品，整理時可以算看看有無過量的情形，例如：牙刷 3 個月換一支，半年只需要兩支，一家四口也只需要 8 支備品，超過太多的話建議可以轉送或轉賣出去，最後以收納盒去定量，不再過量囤積。

過多的備品在日新月異且方便購物的現代來說，是不必要的，家裡並不是倉庫，物品要趁新鮮的時候去使用，如果要等好幾年才用得完的備品，搞不好到時候又有更好用的商品上市呢！

箱也可用一般附蓋收納箱代替。

因為藥品屬於常備品，但不是經常使用的物品，可以定位在客廳收納櫃的高處或安全的地方以免小孩誤食。

類別 2
衛生用品區

每個家庭都會有的衛生用品，如果收納在浴室就不用在今天整理，我家的浴室沒有收納櫃，所以衛生用品的備品部分也收納在客廳電視櫃裡，例如：牙膏、牙刷、牙線、棉花棒、手工皂等。

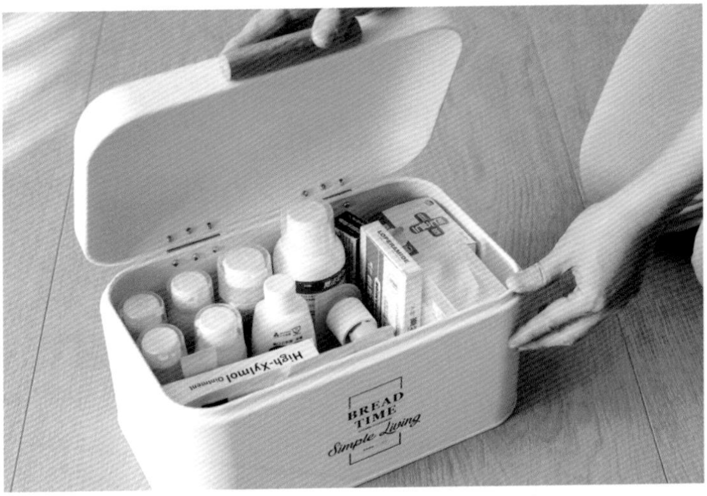

醫藥箱內的藥品須限制重要品項和數量。

工具可用手提文件包或有提把的收納盒，方便隨時提取到各處使用。

類別 4

特殊（專業）工具區

這部分是只有特定家人在使用且頻率不高的工具，例如：園藝類、維修類的工具，可能只有男主人會使用，這些工具也不適合讓小孩拿取，因此需要另外收納。

再次強調用「使用頻率」和「群組」去思考收納方法的重要性，以往大家都會被「分類」侷限，總覺得同類物品一定要放在一起，但是不同使用頻率或不是會一起使用的物品，全部收在一處只會徒增拿取和歸位時的困擾。因此，我家的工具類別分兩格抽屜收納，一格為常用工具，一格為特殊工具，常用工具的家是無印良品各式PP收納盒，特殊工具則收納在無印良品聚丙烯手提文件包。

類別 3

常用工具區

此區涵蓋範圍非常廣，家裡的每個人會需要用到的工具也不盡相同，因此整理工具常讓人不知如何分類，建議先找出多數人都會使用的工具，像剪刀、膠帶、指甲刀、電池，這些使用頻率很高，需隨時處於備戰狀態，挑選出來集中放置。

常用工具按照使用頻率和物品特性選擇收納方式，如最常用的剪刀膠帶直接放在收納盒內，打開抽屜即可拿取；電池、圖釘需用小盒子關起來收納，避免危險；瑣碎的小工具，像止滑貼、各式掛勾等，可放在分隔收納盒，一目了然又不凌亂。

常用工具以 PP 盒收納，上面貼標籤方便拿取。

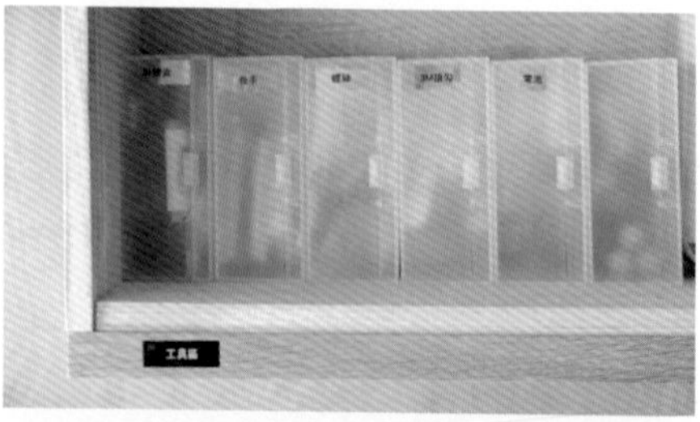

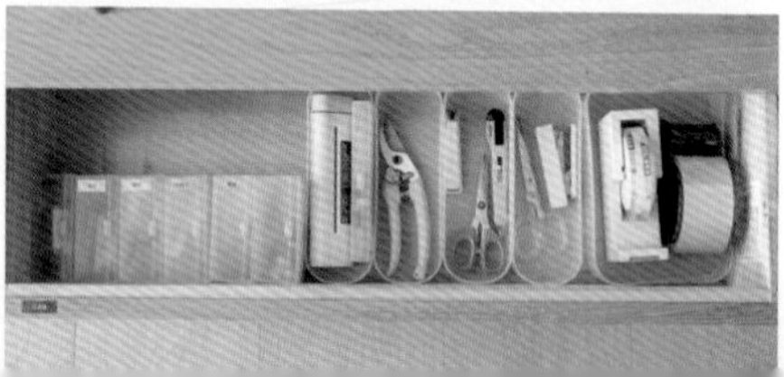

類別 5

影音區

這區包括 DVD、CD 的播放器、豪華的家庭劇院音響等，如果早已閒置不用，淘汰它們會讓電視櫃精簡清爽許多，其實一般人耳朵沒有那麼靈敏或講究聲音效果，一位德高望重的作曲家曾説過，他自己只聽幾千元的音響，因為真的能呈現好聲音的不是靠機器，而是真實的感受音樂、了解樂曲內容，動輒數十萬元的高級音響，追根究柢也許只是虛榮心作祟，大概只有購買的前幾個月會認真使用，之後就放著生灰塵了，如果真要看一部好劇、聽好音樂，就去電影院或音樂廳吧！

至於 DVD 和 CD，只保留想再聽、且網路上無法取得，我的做法是丟棄外殼，將 CD 集中放入專用收納包，用一個資料盒當作數量控管。

類別 6

文件區

客廳收納的紙類若含有「照片」、「重要文件」，現階段先不處理，可先暫放，我們之後會有這部分的進度，今天在客廳整理的文件類，只需丟棄明顯無用的紙張即可。

類別 7

彈性空間

少物的家之所以容易整理，是因為能彈性的運用留白空間，我家電視櫃有 4 格抽屜，篩選物品後只需用到 3 格，空出來的一格便拿來收納小孩的繪本。沙發旁的角落，設置一個 4 層的木製抽屜櫃，可分類收納孩子的畫紙、畫冊、畫筆等，雖然客廳盡量不要收納個人物品，但整理是為了更方便的生活，客廳恰巧也是孩子玩耍、畫畫、看書的地方，因此多餘的空間可以活用。

要特別注意的是此類物品只能少量放置，不要放在顯而易見的地方，如此一來方便和美觀都能兼顧。

櫃子裡留有一格空白空間，
目前拿來收納孩子的畫本。

第 2 週

廚房衛浴的整理與收納

廚房是很適合練習「整理力」和「收納力」的一個空間，因為廚房物品種類很瑣碎，但也很單純明確，如果以往整理很容易被「分類」卡住的人，就可以利用廚房來練習分類的能力。

另一方面廚房大多是消耗品，沒有太多個人物品，相對來說比較容易取捨，對於捨棄物品有困難的人，也很適合從整理廚房來練習決斷力。

整理之前

先來檢視家中的廚房目前屬於哪個階段

【初階】

分類雜亂，有許多沒在用的物品

這個階段的廚房分類雜亂，有許多閒置的物品，比如櫃子打開，有許多過期調味料、乾貨，或地上擺了很多新買的鍋具、電器，卻沒有位置上架，因為抽屜櫃子裡早就被一堆閒置的物品塞滿了，這些沒地方放的物品本來是想買來獲取便利，久而久之，卻也漸漸變成了雜物。這樣的廚房會讓自己的工作進展得很不順利，也會常讓人覺得不足導致無止盡的亂買，但是放眼望去，多到沒有位置放廚具的廚房不可能是缺乏的，缺乏不是物品，而是沒有整理、區分，所以無法有效取得要使用的東西，簡單的說，初階的廚房，缺乏的是空間。

【進階】

好收好拿，
沒有用不到的物品

下廚時得心應手，收拾起來又方便迅速，這樣的廚房是最理想的狀態，它大概有以下特色：

- 清楚的分類：使用者非常清楚每一類的物品的位置。
- 數量控管確實：不會為了煮一道菜，又跑來好幾罐調味料，或突然多了一箱廚房紙巾沒地方放。
- 好收易拿：拿取時不會手忙腳亂，收拾也不費力。

【中階】

沒有明確分類，
收納方式不夠完善

大致整理過的廚房，沒有過多的雜物或過期食物，需要的物品大致上都已上架，但是想要拿取物品時，打開櫃門翻找許久，怎麼撈都撈不到，甚至拿了一個就全部掉下來。

這是物品的定位錯誤，不合乎使用頻率或群組效益，也有可能是收納用品選得不好，這些都屬於中階的廚房會面臨到的問題，此時要做的是了解物品的所屬類別，做適合的收納配置。

DAY / 06

廚房
器具篇

今天是第一天的廚房整理，先來整理使用頻率最高的器具，類別為食器類和料理工具類。

食器類

STEP 1
集中

先取出家中所有的食器，包含烘碗機內、餐具櫃內、櫥櫃內、散放桌面上的，品項有餐盤、餐碗、湯匙、筷子、叉子、杯子、茶壺等。

STEP 2
嚴選

接下來保留最喜歡、最新的、最美麗的餐具，保留每次使用都會優先拿取的餐具，若數量過多，請篩選以下的餐具，放入「待辦箱」中 ：

- 淘汰有破損的餐具。
- 淘汰難清洗、形狀怪異的餐具。
- 淘汰不喜歡，用了不舒服的餐具。
- 淘汰放一年都沒有用過的餐具。
- 淘汰品質不佳的贈品餐具。
- 淘汰少了一支的筷子。
- 淘汰茶垢很深且洗不掉的杯子。

餐具保留家中人口數加 4 的量即可。而美麗的杯子得拿出來展示或使用。

STEP 3

定量

數量的限制上可參考以下建議：

- 餐盤保留大盤、小盤、深盤各 3 ～ 4 個。
- 餐碗保留家裡人口數加 4 個的數量。
- 筷子、湯匙、叉子保留家裡人口數加 4 個的數量。
- 醬料碟、小碗也是保留 3 ～ 4 個。
- 杯子保留家中人口數 2 倍的數量。

* 若有特殊收藏的美麗杯子則需要展示出來或拿出來用，而要用來展示的杯子則不在此數量限制內。

STEP 4

藏拙

最後將所要留下的餐具放入餐具櫃或櫥櫃內，若是餐具有一軍（很常用）、和二軍（不常用，但會用到）的區別，則可分開放置。

原則上餐具數量可依自己的料理習慣、家中招待客人的頻率去做增減，這邊提供的數量是我執行了數年下來完全沒有問題，另外篩選淘汰後的餐具若是完好無損，可以拿到二手商店寄賣喔！

這是我們家所有的碗盤餐具，運用單一色系營造簡約清爽的氛圍。

手、好夥伴，這樣才能讓廚房作業更省時、省力，另外若有買了尚未拆封的好用具，也可以藉此機會讓它們取代舊的用具。

- 你是誰？是我需要的嗎？
- 你的使用頻率是每天、經常或偶爾，甚至從沒使用過的呢？
- 你讓我的生活更方便，還是更不方便呢？
- 廚房還有沒有跟你重複功能的東西呢？
- 你是不是太嬌貴，以至於我捨不得用你呢？

STEP 3
定量

留下精挑細選後的物品後開始清點數量，我們家的情況是平日每天煮晚餐，早中餐彈性，以下是我們家的料理工具數量：

- 鍋具：
  28cm 陶瓷炒鍋 1 個
  26cm 陶瓷平底鍋 1 個
  24cm 陶瓷大湯鍋 1 個
  22cm 雙耳小湯鍋

料理工具類

STEP 1
集中

先取出家中所有的料理工具，品項包括以下 4 種，下架檢視的時候，也先將櫃子、抽屜擦拭乾淨，這樣可以再次確認收納空間的大小。

- 鍋具：包含任何材質、用途、尺寸的鍋具。
- 烹調用具：鍋鏟、湯勺、篩網、電鍋夾、料理夾等。
- 刀具：菜刀、刨刀、食物剪刀、開罐器、砧板。
- 備料用具：洗米籃、洗菜籃、備料碗、攪拌器、打蛋器等。

STEP 2
嚴選

接下來拿起每樣物品，跟這些物品說說話。記住，使用者才是主角，得篩選出自己在廚房工作時的好幫

- **刀具：**
  刀具 3 把
  砧板 4 個（附砧板架）
  削刀 1 個
  食物剪 1 個
  開罐器 1 個

- **備料、烘焙用具：**
  玻璃碗 1 個
  不鏽鋼碗 3 個（大中小各 1）
  16cm 單柄小湯鍋 1 個
  28cm 陶瓷方形煎烤盤 1 個

- **烹調用具：**
  鍋鏟 2 個（1 大 1 小）
  料理夾 2 個（1 大 1 小）
  湯勺 2 個（1 大 1 小）
  過濾勺 1 個
  大濾網 1 個

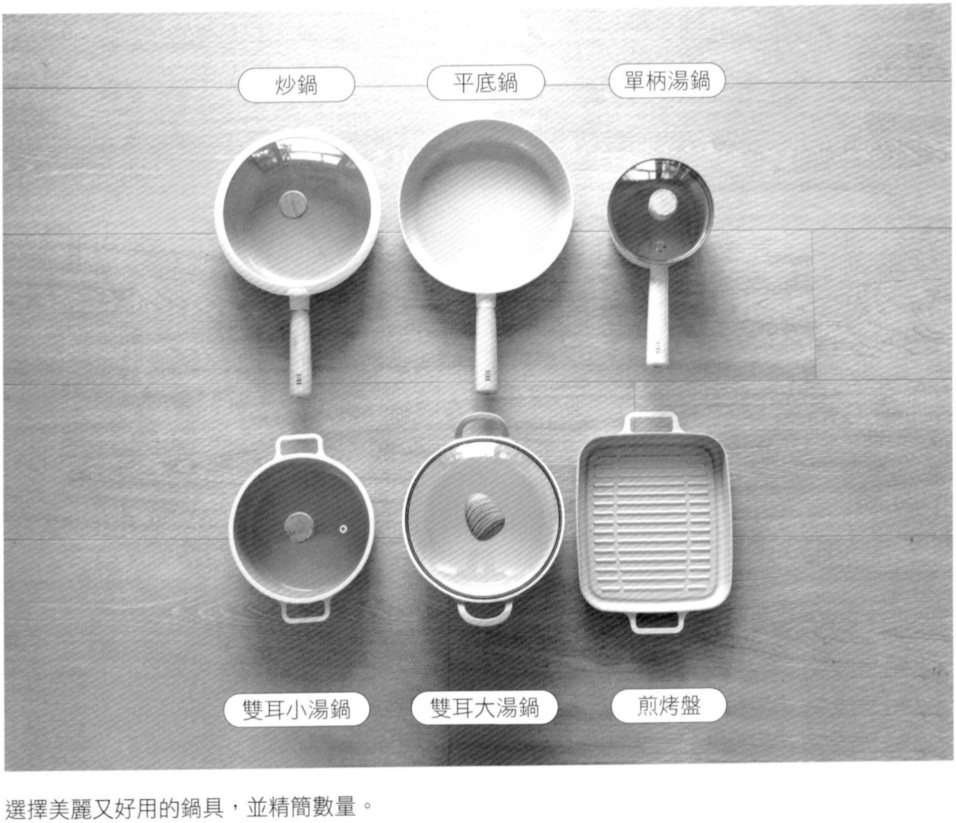

選擇美麗又好用的鍋具，並精簡數量。

我們家的瓦斯爐下方有三層櫃子，第一層是烹調用具和琺瑯保鮮盒。

第二層是所有的碗盤餐具。

第三層是所有的鍋具。

STEP 4
藏拙

最後將篩選後的物品依照以下原則進行收納：

A 構思廚房使用動線，備料區→烹調區→盛盤區→用餐區→清潔區。

B 依照動線將需使用的工具收納在附近。

C 依照使用頻率收納，常用到的放在容易拿取的地方，不常用的收納在下方或上方櫥櫃，幾乎用不到的則可淘汰。

D 給每個物品一個家，運用群組收納達到最高效益。

雖說「工欲善其事，必先利其器」，但其器要是在充分發揮功能下，才有達到「善其事」的目的，否則只是佔用廚房空間且造成更大的不便，保留真正喜歡、好用且常使用的工具即可，我們再怎麼樣，也不會是總鋪師，不需要左手炒菜右手煮湯，或是餐餐滿漢全席，所以老話一句「夠用就好」。

家裡平日晚上會煮晚餐，
湯品是常備料理之一。

DAY / 07

廚房 食材篇

今天整理範圍涵蓋很廣，只要是「吃下肚」的食材都包括在內。

整理之前

分類

可將食材分成以下 7 類

1. 食物類：麵條、泡麵、乾香菇等
2. 調味料：鹽巴、醬油、橄欖油、胡椒粉等
3. 調理包類：咖哩塊、即食包等
4. 即溶品類：麥片、奶粉等
5. 罐頭類：各式罐頭
6. 零食類：餅乾、糖果、零食等
7. 飲料類則分兩大項，包括：
   - 乾燥類：茶包、咖啡粉、茶葉、咖啡豆、濾掛式咖啡等
   - 直接飲用類：各種鋁箔包、鐵鋁罐、寶特瓶的飲料

收納食物時需考量拿取動線。

將食物收納好後記得貼上日期，在期限內食用完畢。

- 放在櫥櫃深處，忘記有此商品。
- 跟風、跟流行買的，其實不符合自己的烹調、飲食習慣。
- 因為特價、滿額送、買一送一買的，其實不需要那麼多數量。
- 因為烹調習慣或飲食口味改變，導致用不到此商品。
- 親朋好友送的，不好意思拒絕。

家裡每一處、每一角落都是構成生活的一部分，檢視能更釐清適合自己的生活，藉由與物品的對話，可內省己身，找出家裡變亂的原因。

STEP 1
集中

首先將所有上述類別中取出檢視，包括櫥櫃內、瓦斯爐旁、冰箱內等，同時準備一個垃圾袋和兩個紙袋，垃圾袋放要丟棄的，紙袋則分放「即期品」、「保留品」。

STEP 2
嚴選

捨棄已過期的、受潮的，捨棄超過半年沒使用到的、捨棄味道不喜歡的食材，同時也順便檢視自己過往購物習慣，若是有存放很久沒有食用的食品乾貨，是不是因為以下原因，才繼續留在這，而且如果無法立即使用完畢，也應該處理淘汰。

裝調味料建議都以罐裝或瓶裝收納。不追求要剛剛好的容量來裝完一袋，因為分裝是為了使用方便和防潮，等這次用完後，之後盡量選擇最適合的用量或最小包裝的購買，另外分裝後的食材建議貼上標籤，並考量烹調時拿取動線，如此才好收易拿。

因此，嚴選適合的儲存和收納方式，並且只保留少量，不僅不會浪費，也不會有「還有很多吃不完」的心理負擔。

以下是各類容器適合儲存的食物：

- **玻璃罐：適合儲存果醬、醃漬品，記得註明保存期限。**

STEP 3
定量與收納

現今世代沒有必要囤積食材，因為取得食材的方法和管道很多，而且家中人口普遍不多，食材只需保留少許，吃完再購買也不會造成困擾，囤積食材除了佔用空間，也常會發生重複購買或過期發霉的情況。

嚴選完畢後接下來進行「分裝」，接近「到期日」的調味品集中放置在「即期品」紙袋中，或是紀錄下來，找時間盡快使用完畢。

大包裝的調味料可用瓶子或密封罐分裝，也比較容易使用和保存，袋

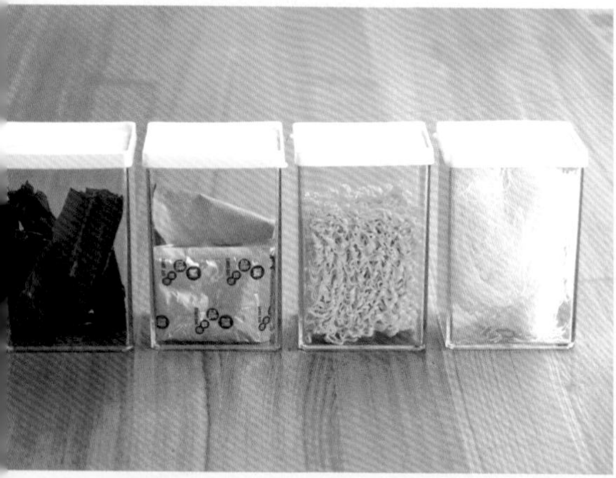

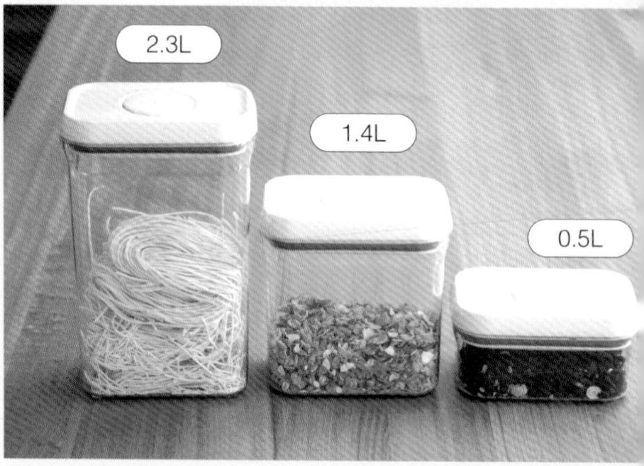

密封罐有不同大小，可放入適合的食物，用來分裝乾貨，定量保存與收納都方便。

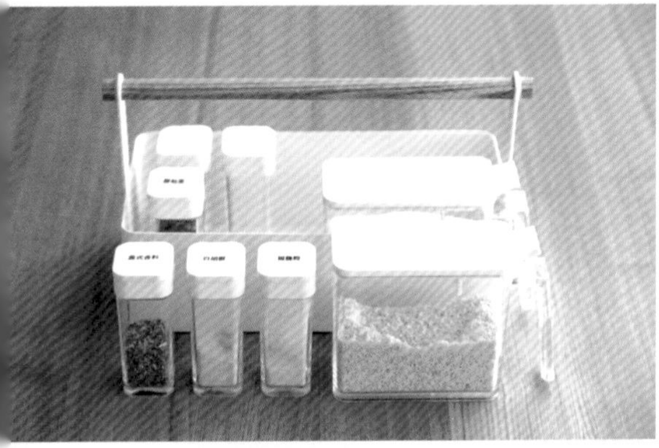

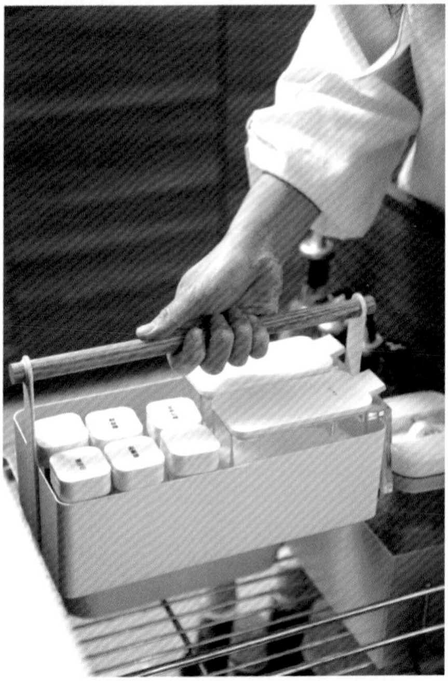

將調味料分裝，可以方便定量與收納，且同品項以群組收納方便拿取。

- 密封罐：適合儲存粉末類或豆類的乾貨。
- 附量杯米桶：適合儲存量多的乾貨，米、義大利麵、黃豆等。
- 一般收納盒：選有手把的拿取更方便。
- 密封袋、夾鏈袋：用途廣泛，但僅能一次性使用。

食材最怕防潮或受損，因此應選擇乾燥或可保持適當溫度的地方，以下是適合的收納地點：

- 存放食材的儲藏室，但這只有在歐美電影或豪宅內較可能發生。
- 廚房櫥櫃內或抽屜內。
- 縫隙櫃或另設層架。
- 冰箱。

最後，裝入食物的保存容器只是為了保存食物，因此不會長期擺在櫃內或冰箱內，替換率極高，因此實際使用的數量也不應太多，避免成為一堆放在櫥櫃或冰在冰箱未食用的「廚餘」，或是擺好看卻很少用到的雜物。

DAY / 08

廚房
其他類別篇

今天要整理的是除了食材和烹調用具以外的其他類別篇，包括保存容器類、清潔用品及備品類和廚房家電類。

DECO HOME 的不鏽鋼保鮮盒外帶、露營都適用

保存容器類

此類包括各種保存用的盒罐，如：塑膠和玻璃保鮮盒、琺瑯容器、果醬罐、紅茶罐、便當盒、釀酒甕、保溫瓶、保溫壺、保溫罐、水壺等。

STEP 1

集中

先將所有保存容器集中，並分為兩大類，一大類是盛裝食物，一大類是裝飲料、飲水，準備一個垃圾袋和一個待辦箱。

STEP 2

嚴選與定量

淘汰掉太舊、有破損、蓋子有發霉的容器後，要留下的容器和數量則需冷靜思考再決定，先想想現有數量與自己真正需要的數量之間有多大落差，若是平常保存食物類別以熟食居多，可留比例較高的玻璃或

我的保存容器

Tips

- **NEOFLAM 陶瓷保鮮盒 6 個**
  做為冰存熟食或當烤盤使用，美麗有質感的外型可直接從冰箱到餐桌，不用再更換容器。
- **DECO HOME 貝殼不鏽鋼密封盒 5 個**
  密封效果很好，可微波、直火，也適合外帶餐點、露營備料使用。
- **韓國昌信冰箱收納盒**
  有多種尺寸，用途很廣，清洗方便，是精簡廚房用具的好幫手，自從使用這些保鮮盒，我就不再使用密封袋。
  5900ml：可以當瀝水籃，洗菜、洗碗都好用，高麗菜可以整顆冰存。
  1700ml：有四個分隔，可以當備料容器。
  1000ml：可以直立式放置，很適合冰存冷凍庫食材。
  850ml：適合乾貨收納。
  120ml：適合保存辛香料。
- **日本 mosh 午餐盒 2 個**
- **日本 mosh 保溫壺 1 個**
- **日本 mosh 保溫罐 1 個**
- **保溫瓶或水壺 6 個**（每人 1 個，另保留 2 個備用）

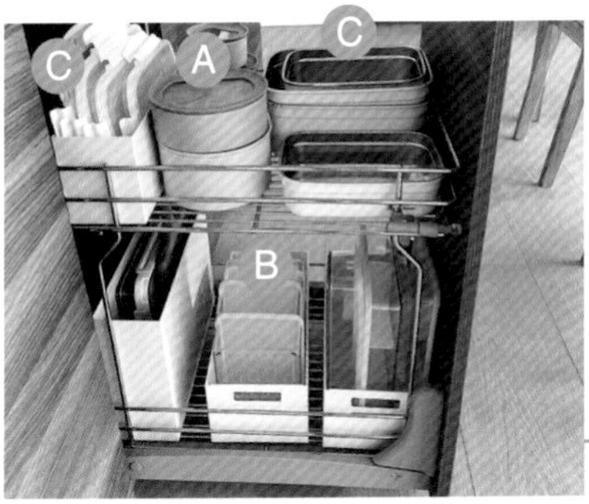

陶瓷保鮮盒，且大部分這類保鮮盒還可微波、入電鍋、入烤箱，一物多用。其他材質如多功能可直火的琺瑯容器，功能較侷限的塑膠容器等，這類須依使用保鮮盒的習慣和每日所需用的數量去做篩選淘汰。

水壺或保溫瓶則每人保留 1 ～ 2 個，選擇保溫效果最好，大小適中且清洗最容易、最美最喜歡的。

STEP 3 收納

這類容器收納時可能會遇到過多或需堆疊的狀況，可把握以下 3 原則：

A 可使用收納盒分類在櫃子裡，保鮮盒可採直立式收納。

B 可堆疊的保存容器較不建議蓋和盒身分開收納，可減少使用時需要耗費的時間、手續，若收納處還有空間，且數量少、擔心沾染灰塵，建議蓋上蓋子直接收納，如果要堆疊，建議不超過 3 個。

C 同款但大小不一的保存容器，可將盒身堆疊，蓋子一併收納在附近。

STEP 2
嚴選

接下來篩選出不需要、不適合、不喜歡的物品，不論使用過或未使用過，都大膽捨棄吧！因為它們不會是你的廚房好幫手。

STEP 3
定量

每日會使用的清潔劑也只需保留1～2瓶備品，特殊清潔劑、密封袋等備品可以用完再買，菜瓜布或抹布要經常替換，可以保留一個月會用到的量，避免細菌滋生繁衍，也要避免水垢或發霉。

清潔用品及備品類

第二個項目是廚房的清潔用品及其備品，若有廚房用的清潔用品，但不是放在廚房的也可一併整理，品項有：

- 清潔劑：洗碗精、蔬果清潔劑、洗手乳；瓦斯爐、磁磚及各式廚房用清潔劑。
- 清潔用品：抹布、菜瓜布、濾網、垃圾袋、杯刷隙縫刷等。
- 備品：夾鏈袋、塑膠袋、保鮮膜、廚房紙巾等。

STEP 1
集中

先將所有已開封、未開封的物品集中放置，並準備一個垃圾袋和一個待辦箱。

這是冰箱旁的置物架，方便我使用擦手巾、拿塑膠袋。

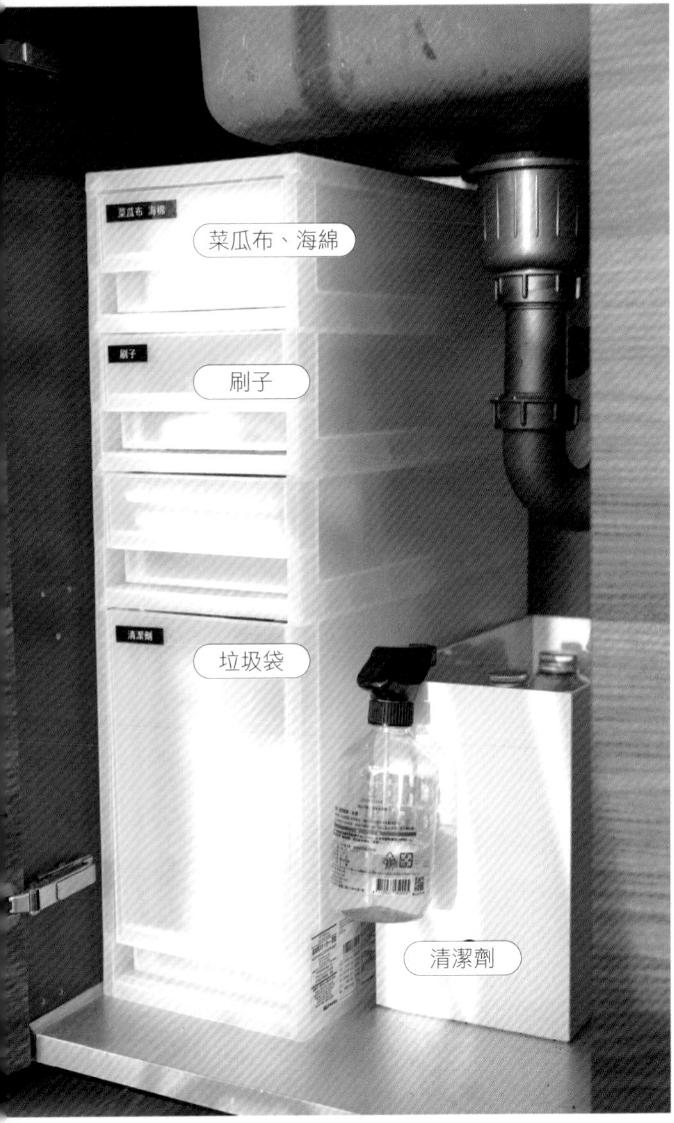

水槽下方也可以方便收納，可以放一個抽屜櫃，並將每個抽屜貼上標籤方便辨識。

STEP 4

藏拙

清潔備品和清潔劑建議用收納盒集中收納，並藉此控管數量，可收在同一個抽屜或櫃內，集中收納也能避免找不到而重複購買，這些類別皆可收納在水槽下方。

密封袋、保鮮膜等備品可以收納在櫥櫃的淺抽屜內，如果只有一捲，也可利用磁吸或懸掛的收納用具，安置在冰箱側邊或櫥櫃下方，方便拿取也節省空間。

若是正在使用中的物品，直接收納在使用場所附近，例如：菜瓜布、抹布、洗碗精，直接收納在流理台附近，關於這類別的收納用具，可以參考「日本山崎美學」的產品，富有質感及設計巧思。

些多功能的家電若可完全取代單一功能，例如：水波爐可取代微波爐；氣炸烤箱可取代氣炸鍋和烤箱；或者有些電器只要加上蒸架也同時有電鍋的功能。

- **篩選出沒在使用的電器**
  接著篩選當初腦波太弱，被慫恿、推銷購買的家電，但使用頻率非常少，2～3個月也用不到一次的家電。

- **篩選掉跟家人飲食習慣不同的家電**
  家電有許多種，例如：製作麵食的製麵機、製作麵包的麵包機或製作優格的優格機等，但家人未必用得到，而且這些大部分都是跟隨潮流所購買，跟自己沒什麼關係的物品，這時就可以請出家門。

- **使用、清洗、對應食材不便購買**
  有些家電因為使用、清洗或購買食材很不方便，所以就算常吃這些料理，但想到要吃的時候還是都直接外食比較方便，那麼這類的家電也可以捨棄。

廚房家電類

最後一類是廚房各式家電用品，這些單價較高又佔空間的物品，需要好好思考它們的去留。

STEP 1 集中

首先將全部電器用品集中，並一一檢視。

STEP 2 嚴選

接下來進行嚴選，挑選時把握以下原則：

- **將相同功能的電器找出來**
  這時候會發現家中有許多大大小小部分功能重複的電器，以留下多功能的家電為主，例如：一樣都是果汁機，那麼就選擇馬力強大、好清洗又常使用的那台；有在挑選電器時，我會在同類型的家電裡選擇質感好、價位中上的產品，並且將顏色統一為白色系，及給予每個家電適合的 VIP 席位，沒有位置擺放的廚房家電絕不購買。

STEP 3

道別

嚴選出需要的家電，接下來好好跟淘汰的家電道別，道別方式主要有3種：

- 最好的道別方式：給需要的人
- 最有效率的道別方式：賣給二手商店
- 最有愛心的道別方式：捐給公益團體

常使用的電器就直接放在櫃面上。

每天都會煮咖啡喝，因此就把相關的物品都集中收納在咖啡機附近，如此一來，不用來回走動就能煮好咖啡。

我家目前的廚房電器 Tips

仔細思考過後，我家的廚房電器如下，這些都是平時會用到，不會閒置的物品。

・料理用
①微波爐、②電子鍋、③烤箱、④電烤盤、⑤微電腦壓力鍋、⑥多功能電熱餐盒

・其他用途
①咖啡機、②冰淇淋機、③單片熱壓機、④多功能調理機、⑤可手沖快煮壺

DAY / 09

廚房
冰箱篇

今天要整理的是面積不大卻可能塞了最多物品的地方：冰箱——冰箱內的整理不只是為了收納整齊，更重要的是為了「吃」，所以需要經常檢視，否則一不小心就把食材食物放到過期，掌握整理原則，依據「冷藏室」與「冷凍庫」的整理步驟實作，還給冰箱清爽的空間。

冷凍庫

整理之前

默寫清單

且慢！！先別急著把東西拿出來，請拿出一張紙、一支筆，坐在餐桌前，想想你冷凍庫有哪些食材，將想到的包括數量寫下來，記得不要去偷看喔！

通常會是這樣，你只記得打開冷凍門看得到的那幾樣商品，或是很愛的那幾樣食材，但可能會錯估數量，實際上比想像的多很多，因為喜歡，不知不覺會買很多，完全是出自於怕吃完、買不到的焦慮感。

STEP 1
集中

現在可以取出全部食材了，核對看看遺漏了多少，如果很多，建議整理完畢後將清單寫下來，貼在冰箱門上，建立自己的冰箱清單。

STEP 2
嚴選

很多人以為冷凍庫較無「保存期限」的問題，常常一放就是好幾個月，甚至好幾年，冷凍後的食材常讓人認不出來，曾經有學員退冰了一包滷牛肉，要下鍋前才發現退冰的是黑木耳，所以今天除了淘汰不喜歡、不會煮、不新鮮的食材，還要把不易分辨的食材貼上標籤。

STEP 3
直立式收納

冷凍庫收納建議採直立式收納，能一眼就看到所有食材，拿取時也不用乾坤大挪移才拿得到裡面的食物，為了讓直立式的放置穩固整齊，必須適時加入夾鏈袋和收納盒。

STEP 4
分類存放

以收納盒分類並做數量控管，例如一盒海鮮、一盒肉類、一盒加熱即食品、一盒冰品等。以自己習慣方式即可，好囉！冷凍庫終於撥雲見日了，順便選選今天晚餐要煮的食材，放到冷藏室退冰吧！

冷凍庫以「冰箱保鮮盒」直立收納。

STEP 3

分區收納

將嚴選出來的物品放回冰箱，順便檢查保存期限，如果過期的也放入「丟棄」的袋子，可以收納盒、托盤或冰箱層架簡單分區，例如：「早餐專區」、「調味料專區」、「乾貨專區」、「已清洗保鮮專區」等等，讓食材更容易辨別取用。

STEP 4

處理剩餘食材

剩下沒選到的物品，開始檢查保存期限，如果是還可以放一陣子的食材加上方便轉送，就放入「轉送」的袋子，如果太麻煩還是請放入「丟棄」的袋子；如果是馬上要到期，就放入「即期品」的袋子，待會整理完後馬上想辦法煮掉，如果想不到要煮什麼，還是丟掉吧！至於已經過期、很難吃、家人都不捧場、完全不知道是什麼東西，都放入「丟棄」的袋子。

冷藏室

STEP 1

集中

先準備三個袋子，分別裝「即期品」、「轉送」、「丟棄」，然後將冷藏室物品全部取出，放在餐桌上，如果這時候餐桌不夠放，那肯定是塞太多了，要檢討！

STEP 2

嚴選

挑出「喜歡吃的」、「常用到的」、「方便料理的」物品，記住，是選「喜歡吃的」，不是選「能吃的」，是選「常用到的」，不是選「可能會用到的」，是選「用了更方便的」，不是選「為了它還要多更多手續步驟的」。

可以先將食材處理好，放在保鮮盒，再放入冰箱中，拿取時可一目瞭然。

STEP 5

馬上行動

最後，拿起「丟棄」的袋子，馬上走出家門丟到廚餘桶去，不准又偷偷放回冰箱，因為不管放多久還是不會煮；「轉送」的部分，馬上打電話送出；「即期品」的部分，馬上放到料理台上備料。完成這一切後，打開冰箱冷藏室，有沒有感覺到一陣清爽，好空的冰箱，位子變多了，便可順便調整收納的方式，並思考使用的便利性和視覺的整齊效果。

冰箱是「暫時保存食材」的地方，講究新鮮、乾淨，它可不是儲藏室，我們也沒有「冬眠」的需求，食物吃完再買，吃多少買多少，這才是治本之道。

你的冰箱現在如何呢？

DAY / 10

衛浴

浴廁是潮濕又易堆積雜物的場所，所以在整理收納上要注意防霉防潮，在用品選擇上我以體積輕巧、容易清潔的材質，並盡量統一為白色系列，讓狹小空間仍然保持視覺清爽，同時還把握以下原則：

- 除非每天或經常會使用到的物品，否則不要放置在浴廁內。
- 所有的用品盡量往牆壁上收納，這樣才易於擦拭檯面或刷洗地面。

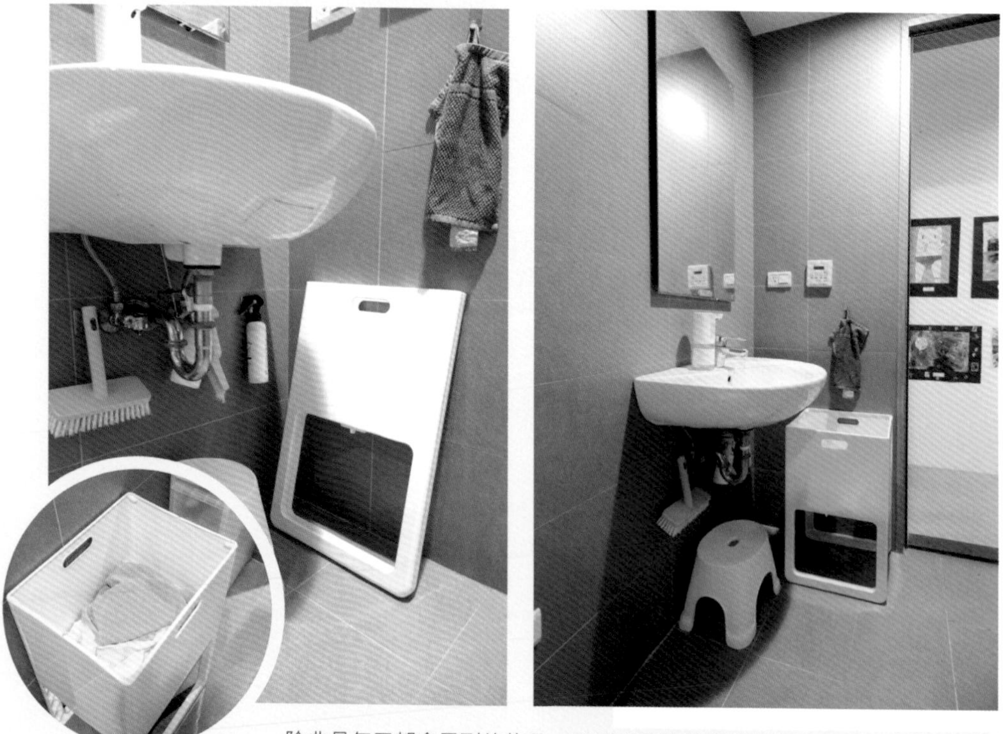

除非是每天都會用到的物品，否則不要將物品收納在浴室內；洗衣籃也是選擇可折起收納的款式，不用的時候折疊起來放在縫隙。

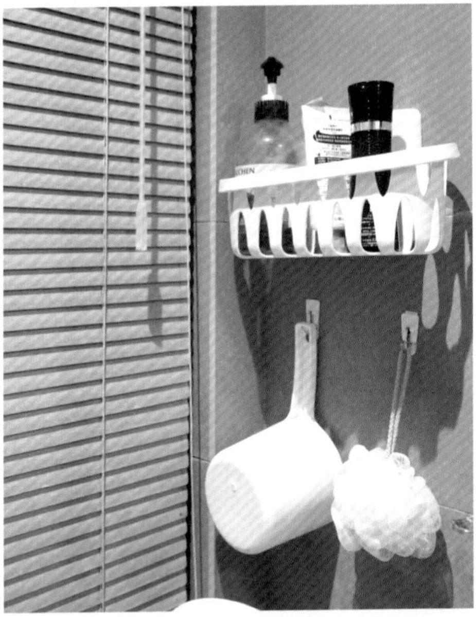

- 就算要放置收納櫃在地上，也盡量選擇有輪子且防霉防潮的材質，例如：無印良品的 PP 收納櫃就是不錯的品項。
- 沐浴乳、洗髮乳、衛生紙等清潔用品，只需放一個備份，比如只放一串備份衛生紙，不要囤積，用完再購買。
- 將刷子、抹布放在隨手可拿取的地方，而且盡量吊掛收納，使用完浴廁立即清潔。

浴廁物品，能掛的盡量掛，保持地面淨空，防霉好清潔。

有輪子的PP收納抽屜，是浴室唯一的收納空間，雖然小巧但裝了不少東西，收納力驚人。

第 3 週

衣物和臥室物品的整理與收納

衣物整理是一個非常重要的項目，數量多、類別雜，如果沒有妥善收納或收納區域分散在家裡各角落，往往都會造成衣物整理拿取的困擾，所以只要講到整理衣物，大部分人的反應都是好像永遠整理不完，尤其遇到換季，就像如臨大敵般，燒腦又費時。

每年都在整理衣服，每季都在丟衣服，怎麼還是那麼多，所以，這週的衣物整理，要打造一個專屬你個人風格的衣櫥，擁有剛剛好適合你的數量，把不需要、不適合的衣服一口氣淘汰，往後再遇到換季時，絕對比以前輕鬆迅速。

我們一家四口只有一個大衣櫥和一排的抽屜箱，收納著全家人的衣服、恩典牌、寢具，別人換季也許要用上兩三天、甚至一週，我家換季則不到一小時就搞定，如果你也想過看看這樣的生活，那就跟著步驟一起來整理衣服吧！

DAY / 11

衣物 篩選篇

整理衣物適用「集中、嚴選、統一、定量」的原則，但要記得一次只整理一個人的衣物，千萬不要同時把全家人衣服都下架，今天我們先從自己的衣服開始，並且按照以下類別一一下架。

整理之前

將衣服依季節分類

【春夏 7 大類別】

1 做為搭配基礎的下身衣物。
2 可呈現個人風格的洋裝或套裝。
3 可單穿也可內搭的T恤或上衣。
4 適合各種生活型態的正式款上衣。
5 兼具修飾與搭配功能的外套。
6 舒適簡約的經典鞋款。
7 展現質感與品味的包包。

【秋冬 7 大類別】

1 做為搭配基礎的下身衣物。
2 可呈現個人風格的洋裝或套裝。
3 可單穿也可內搭的薄款上衣。
4 適合各種生活型態的厚款上衣。
5 兼具保暖與搭配功能的外套。
6 舒適簡約的經典鞋款。
7 展現質感與品味的包包。

*鞋子、包包在換季時皆可重複使用

- 將 3 個月內都沒有穿過的衣服放在左手邊，這時從「衣服堆」中撿起衣服時，你也許會對發現許久未見的衣物驚訝的想：「哇！原來我有這件衣服啊！」如果因此把它留下，那整齊清爽的衣櫥就離你更遙遠了，因為你既然會遺忘它，就代表它對你不重要，或者你根本不那麼喜歡它。

- 將右手邊的衣物再按照使用頻率區分，常穿的放在右上角，偶爾穿的放在右下角。

STEP 1

集中

將同一種類的衣物從衣櫥、抽屜、衣帽架或儲藏室中拿出來，集中在床鋪上或臥室地板。

STEP 2

嚴選

不要只挑出喜歡的、想要的、還能穿的，這樣的方式無法讓衣服數量顯著的減少，所以我們換個方法，用以下條件來篩選：

- 挑出 3 個月內有穿過的衣服放在右手邊，這些都是當季的服裝，3 個月已經快過完一個季節了，如果有穿過，表示將來也有可能再穿。

挑出 3 個月內**有穿過**的衣服放在右手邊 ◀ 挑出 3 個月內**沒穿過**的衣服放在左手邊 ◀ 右手邊的衣物再按照**使用頻率**區分

厚款上衣

適合各種生活型態的厚款上衣。

針織外套

薄外套和針織外套春天和秋天都可穿。

下身衣物

挑選出需要的下半身衣物，方便之後整理。

洋裝

洋裝僅須留可以做為個人風格呈現的款式即可。

外套與背心

兼具保暖與搭配功能的外套與背心不用多，重點是每件都要穿得到。

包包

篩選包包時，以不同形態和用途為主，才能確實利用。

其中我最適合是偏粉膚色或香檳金的駝色系，冬季也適合焦糖色系的上衣，不論上衣、洋裝、外套、包包、鞋子，我都有這些色系，統一色系可讓穿搭變得容易，幾乎任何服裝都能互相搭配。

- 統一的款式

  衣服的款式剪裁也很重要，例如：有人適合圓領、有人適合V領，而直筒洋裝、傘狀洋裝或束腰洋裝也各有所長，下半身款式也風情萬種，有休閒風的寬褲、浪漫的蛋糕裙、學院派的百褶裙和老爺褲、街頭風的男友牛仔褲和緊身褲，依照不同的身型、骨架，每個人適合的款式剪裁也就不同，一樣可以從常穿的衣服中，去分析出自己適合的款式、能隱惡揚善的剪裁。

擁有眾多衣服色系和款式的人，如果想清楚知道真正適合自己的服飾也可參考「骨架分析」、「四季色彩」這類的書籍，藉由專業的知識，更深入的認識自己。

STEP 3
統一

每個人都是獨一無二的，按照自己的年齡、工作型態、生活習慣、氣質、身材、膚色或髮色，選出最能為自己加分的單品，統一不是意指要和別人相同，而是藉著刪去多餘的，找出可以代表自己穿搭的語彙。

分析上個步驟中，挑選出來放在右上角的那些衣服中，是否有以下相同之處：

- 統一的風格

  衣服和室內空間一樣，每個人的喜好是有一致的風格的，鄉村風、北歐風、復古風都有人喜歡，相同的，衣服也有各種風格，甜美風、華麗風、休閒風或簡約風，我把自己擅長的風格統稱為「悠閒的優雅感」，那你的呢？試著分析看看，幫助自己定位。

- 統一的色系

  我的服裝幾乎都是大地色系，這

個人風格的衣服，因為嚴選，每件都是上上之選，就算常常重複穿搭也很喜歡。

只要少許幾件就能滿足日常所需，因為數量不多，趁著保鮮期充分穿著後，可以更新替換，不讓過量的衣物成為累贅，永遠只穿著最適合當下自己的衣著，展現自信並散發光彩。

STEP 4
定量

現在位於右半邊的衣服是我們要放回衣櫥內的，如果覺得數量仍然太多，可以幫每個種類定量，往後更新衣物時，只要遵守一進一出的原則就能保持精簡衣櫥，關於這部分的詳細內容，可參考本書2-3章節，「定量」中的「7個6簡約服裝穿搭術」。

穿衣服不只是為了保暖、為了蔽體，更重要的是為自己增色，因此家裡的衣櫥要精簡出最能襯托自己特色、最能修飾身材缺陷、最符合

Tips

學習簡約生活

簡單少物的生活真的有很多好處，我習慣少甚至缺乏，連需要的物品都可以忍受缺乏了，何況是那些不需要只是想要的東西，只要再思考一下就可以免疫。斷捨離的「斷」就是要斷絕不需要的物品進門，「捨」則是要捨棄目前擁有卻不使用，那些多餘、重複的物品，這兩樣要並進，才能看到成效，也才能體會到自己和物品的關係，並進而與之對話，使少物成為生活中的一個好選項。

DAY / 12

衣物收納篇

衣物是臥室裡數量最多也最需要整理的物品，而存放衣物的空間通常也占據臥室大部分的面積，由於大多數的家用衣櫥不只放一個人的衣物，比如小孩在下層，先生的襯衫需要較多的吊桿面積等，因此在Day.11篩選減量過後，接著要來依照每位家人的使用習慣，來規劃衣櫥的各區域。

進行規劃時可以善用吊桿和活動式抽屜，因為這兩者能靈活運用及調整空間，而且抽屜可以再將衣物做細小品項分類，同時控管數量，進行收納時的步驟為：「定位、選擇、區分、添購」，以下開始收納囉！

STEP 1 定位

在 Day.11 篩選後確定要保留的各類衣物，先按照種類以現有用品定位收納即可，雖然這時可能會發現沒有到太順手或是美觀，但這只是先試著使用看看，未來仍有調整空間，先不用急著購買收納用品。

STEP 2 選擇

第二個步驟是選擇收納方式。衣物包括適合吊掛與適合放入抽屜的衣服，其中洋裝、上衣、裙子建議盡量採吊掛方式，內搭、內衣褲則可以放入抽屜，根據收納盒分類與個人喜好，可以採用「平放式」、「直立式」或「口袋式」摺衣法。另外

上衣、外套盡量採吊掛式。

STEP 4

添購

收納時最重要的就是清楚的分類，其中衣櫥內部層板適合抽屜式收納，可依照衣物種類或使用者習慣選擇抽屜尺寸，比如毛衣、外套需要大抽屜，內著或孩童衣物則適合中小型抽屜，有分隔板的更好，建議選擇活動式可拆卸或堆疊的抽屜，運用方式更彈性。

一開始先以家裡現有用品或是紙箱鞋盒收納為主，或先買少許計畫中的收納品項，幫自己訂試用期，例如：兩週或三週，試用過沒有問題就可以買齊收納用品！

孩子的衣物放在下層，並直立式摺衣法收納，這樣拿取衣物方便又快速。

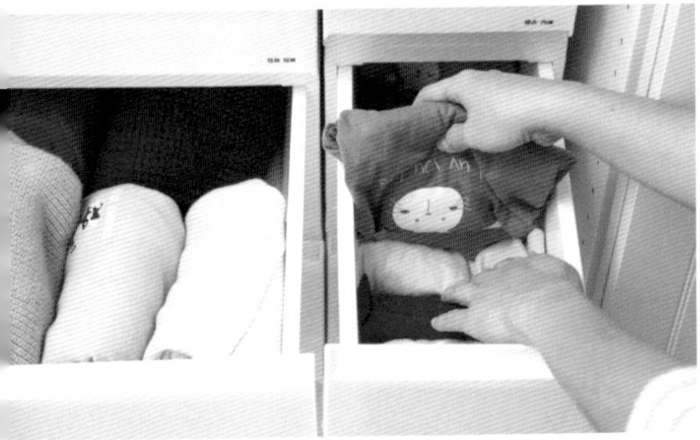

兒童衣物建議盡量吊掛，若沒有吊掛空間，可以用不同抽屜來分類，讓孩子練習自己歸位或拿取衣物，而小型的衣物，像是襪子、手帕、褲子則可以訓練孩子自己摺，養成收好衣服的習慣。

STEP 3

區分

前一天篩選要淘汰的衣物須集中放置再選擇適合的方式贈送，若是不確定去留或猶豫的衣物則以一個收納盒或衣物袋放置在「不明顯」的地方，例如：衣櫥上方或儲藏室，讓這些地方暫時保管，並給予保管期限，例如：半年，藉此測試自己在日後是否還會記得它們、想起它們，甚至拿回來穿，如果答案是「沒有」，那麼就可以放心的道別，千萬別把這些「閒置」的衣物和精選後的衣物塞在同個空間裡。

DAY / 13

衣物
配件、飾品篇

今天的進度是「全家人」的配件與飾品，包括帽子、圍巾、髮飾等，如果有小孩的物品，可以引導他們一起來整理篩選。

STEP 1
集中、分類

一開始同樣是先將家中所有配件、飾品下架集中，接著開始將物品做更細的分類，比如髮飾有髮圈類、橡皮筋類、鬆緊帶類、髮夾類、鯊魚夾類、髮帶類等；帽子則有夏季遮陽帽、冬季保暖用毛帽；飾品則有項鍊類、耳環類、別針類等。

飾品可用具有分隔的盒子收納，大小款式統一顯得整齊。

STEP 2
嚴選

接著進行嚴選，挑選出最喜歡的、最好用的配件與飾品，並丟棄破損的、失去功能的品項，另外若是無法搭配現有服裝、不符合個人風格，又或是廉價的、質感粗糙、戴了皮膚會紅腫、發癢的用品也要捨棄。

STEP 3
定量

嚴選後開始做定量整理，以女孩來說，橡皮筋可留 1 包，髮夾、鬆緊帶建議約 5 個，其他髮飾每類各 2～3 個，而帽子可用功能來選擇，遮陽和保暖各 1 個，圍巾素色和有花紋的款式各 1～2 條。

STEP 4
藏拙

配件與髮飾屬於體積較小、花色較多的品項，因此可將這些物品集中收納，放在平常最常綁頭髮的地方，並用分隔收納盒做細小分類，讓整體看起來整齊又美觀。

部分衣櫥設有滑軌式掛勾，拉出即可集中掛上領帶和飾品。

DAY / 14

臥室
大型物品篇

走完了所有衣物的整理，衣櫥內另一樣佔據龐大體積的物品就是寢具了，另外還有一些大型物品包含：行李箱、大型家電、家中備品等，我們都一併在今天做整理。

寢具

STEP 1
集中

首先同樣將所有寢具下架集中，寢具的品項包括：床單、被單、保潔墊、枕套、床墊、棉被、枕頭等。

STEP 2
嚴選

接下來進行嚴選，需要的放右手邊，不需要的放左手邊，需要的包括經常使用、3 年內曾用過，真心喜愛、漂亮、舒適的寢具；不需要的則包括不能用的、3 年內都不曾用過，這些都應淘汰。

花色，就能展現整個臥室的主要風格，和大紅大紫的鮮豔花色相比，選擇大地色系的簡約款式更能散發臥室靜謐的氛圍，不僅視覺上清爽舒適，身處其中也會放鬆許多。

而寢具可用寢具收納盒（袋）妥善放置，這部分的材質要扎實、耐重，圖案要淡雅、簡約，寢具收納地點可以選擇床下、衣櫥上方、儲藏室或更衣室，收納箱要能附蓋密封，避免灰塵沾染，若家中濕度高，則需定期除濕或在衣櫥放入除濕劑，原則上家中所有寢具可集中收納，方便管理與替換。

STEP 3

定量

挑選出需要的寢具後，開始做定量，被單、床單保留家裡床數的數量乘以 2 即可，枕套保留家中枕頭的數量乘以 2 即可；棉被若有季節性，可留每人春夏秋 2 件，冬季 2 件就夠（以上數量皆包含正在使用中的寢具），5 歲以下幼童的棉被可多留。

這是因為與其留 5、6 套被單床單，倒不如只留 2 套勤加清洗替換，平均每 2 ～ 3 週替換一次，用舊了再買新床單即可。

另外預計給客人用的棉被，需以客人實際入住機率去考量，如果一年內只有 1 ～ 2 次機會入住，其實用家裡現有的棉被就可，不需要再另外多準備。

STEP 4

藏拙

因為臥室床鋪，佔據整間臥室幾乎一半的面積，若能統一床單被套的

好看的行李箱可以當作家中的擺設。

行李箱

今天第二個要整理的是全家行李箱的篩選，家中的行李箱，可能動輒上萬元，但也可能是辦卡附贈的贈品，行李箱好不好推、耐不耐摔在出國登機時馬上見真章，所以，那些用了 1 ～ 2 次就讓人覺得困擾的廉價行李箱，可以趁這個機會跟它們説掰掰了，不過請放心，行李箱是二手商店的熱賣品，很多人只會使用 1 ～ 2 次，因此常會選擇到二手商店購買。

我家只有一大一小兩個行李箱，因為我很喜歡他們的外觀，家中也沒有大型櫃子可收納，所以我將小行李箱放入大行李箱內，然後直接展示大行李箱，將它放在臥室的一角。行李箱的體積龐大，建議大家留下適當的量即可，旅行時行囊若是輕省，心情會更加輕鬆愜意，「夠用就好」的行李哲學，也可以是簡約生活中的一種練習。

大型家電 特殊器具

大型家電包括除濕機、電暖爐、電風扇等；大型物品則有年節物品、運動球具、嬰童用品、露營用品等，包括聖誕樹、派對裝飾、高爾夫球具、直排輪用具、嬰兒車、露營器材等，這些都需要集中整理和收納，建議家中可以挪出一坪左右的空間來架設櫃子或層架，收納這些大型必需品。

我家沒有儲藏室也沒有多餘房間，大型收納櫃也只有一個衣櫥，所以把暫時沒有在用的主臥衛浴中乾濕分離的淋浴區空出來當作簡易版儲藏室，不過這部分需要定期除濕，而床下空間則收納可折疊的露營用具，治本之道還是持續精簡，確保留下來的物品都能發揮功能。

床底下擺放了露營用具，既不顯眼又能收納好。

DAY / 15

臥室
小型物品篇

今天要整理的可能是家中的大魔王，這是因為每到百貨週年慶一到，大家就瘋狂囤貨保養品與化妝品。面對那眾多的囤貨，還剩一半的保養品，我用了以下的整理收納方法，如果你也屬於喜愛囤貨過量的同好，可以跟著做看看。

曾經有位學員傳來家中房間的照片向我求救，可以看到照片中有滿坑滿谷的保養品，不僅淹沒桌面、抽屜內、斗櫃上，甚至蔓延到地面上，從字裡行間感受到她的焦慮與挫折，並且為自己的浪費行為感到很苦惱，於是我和她分享了自己以前那段《購物狂的青春歲月》的故事。

同時我也告訴學員，現在開始不嫌晚，浪費已經是過去式，那些經驗就當作是未來理想生活的投資及養分吧！

STEP 1
集中

第一步先準備兩個袋子或紙箱，將所有化妝品、保養品集中檢視，不僅臥室的用品須檢視，浴室、化妝包內都得拿出來一起檢視。

切記，這時候只想著要不要用，不要想著當初花多少錢買的！

STEP 2
嚴選

現在將正在使用的留下，其他的化妝品、保養品分為全新和開封過的，全新的用品若有不使用的，就放入轉送或寄賣的袋子，開封過的若有不使用的，就放入丟棄的袋子裡，應該被淘汰的用品包括：

- 跟風亂買的，根本不適合自己膚質。
- 擦了會刺會癢的，太油太黏的。味道不喜歡，像是在擦刺鼻的藥品。
- 使用起來毫無愉悅感的。
- 過期的。
- 擦心安的。

STEP 3
定量

這時候設定數量來做檢視，因為留太多也是會放到過期，假設兩個月用完一罐，那留一年份應該很夠了，每個種類的化妝品、保養品最多留一年份的囤貨，囤貨只留下會想要持續用、喜歡用的部分，其他多出來的就放入待辦箱，拿去賣掉或送人。

固定數量後，在這些囤貨消耗完之前「不再購買」，如果忍不住又購買新品，就要再捨棄一罐舊的。

左圖是我目前使用的化妝品，右圖則是保養品。

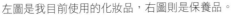

置，給每種類保養品一個家，一種類一個收納盒或抽屜，還有臥室的化妝台只放目前用得到的用品，並保持平面淨空，其餘不屬於此處的物品請挪走或捨棄。

總之，只要開始面對檢視，並篩選減量，都比留著用不到或過量造成困擾還好，看著收納盒內的保養品越用越少、位置越來越空，相信我，你感受到的是踏實的滿足感，而不會是缺少的匱乏。

STEP 4

藏拙

接下來可以算算自己每天化妝、保養的程序花了多少時間，並想想有享受其中、感覺放鬆嗎？再次省思並規劃未來化妝、保養的程序。

最後將保留下來的用品，如同百貨專櫃的陳列一般，用高規格的心態對待這些優秀的瓶瓶罐罐，按照物品型態，運用收納盒妥善收納放

這是無印良品的極簡化妝台。我所有的化妝品、保養品，都會不定時更新品項，但數量維持在收納盒和化妝台抽屜可以放得下的範圍內。

Tips

購物狂的青春歲月

在我 20 歲左右，還在唸書的時期，就開始接鋼琴家教負擔自己的生活費，一個月一兩萬的收入對學生來說算是很優渥，因此花很多錢在治裝和保養品上，記得那時我和室友，每個月都租了好幾本雜誌來翻閱、查資料，並反覆翻閱百貨公司的目錄，圈了一堆購買清單，衣服也是每週都在買新衣，現在想起來，真的很浪費。

再談到保養品，一開始用，我都覺得好好用，但是過了大概半個月，甚至頂多一個月，我覺得不再有效果，於是就再買新的產品，我室友都笑說又有保養品被我下架了；還有衣服、包包也是買到每天出門都要有不一樣的穿搭才覺得足夠，現在回想起來真的覺得很不可思議。

這樣的日子至少過了十幾年，直到接觸並開始認真斷捨離後，我發現衣服和保養品是我捨棄最快的品項，因為再怎麼多，也不曾滿足我，「多」不會使我珍惜，「少」才真正讓我找到最喜歡的。

現在的我用完一罐保養品，就很少再回購同品牌，因為認清自己是喜新厭舊的狀況，所以，我不再囤貨，會精挑細選到很想用看看的才會買，而且也不再追求要一次一整套的商品，以前的我下架都是整套下架，再買整套新的，現在我認為那樣很麻煩，比起很麻煩的使用一整套，我更喜歡 all in one，不但簡單方便，也更不會浪費。

第 4 週

書籍文件與紀念品的整理與收納

書籍、文件與紀念品是在家中相當佔據空間，也可能一放就會放上好幾年的物品，其中書籍幾乎沒有壞掉與時效性的問題，加上容易以為之後會再拿出來翻一翻，於是常一放就很久；文件分為重要文件、待辦文件、收據及發票等，除了重要文件，其他均可在處理完後僅留下 1 ～ 2 期就可丟棄；文具的部分只須留下需要的數量即可；紀念品和相片同樣也是留下真心喜歡的部分即可，這類物品處理起來會相當棘手，因為有感情問題，但最重要的仍是保存有價值的物品，才能讓這些品項發揮作用。

YAMAHA

DAY / 16

書籍

書籍之所以造成整理上的困擾，主要有兩個原因，一來它幾乎不會壞掉，沒有保存期限，二來它不像衣服一樣有明顯的新舊、適合不適合的區分，以至於很多人的書櫃中放了超過5年、甚至是10年以上的書，書背都蒙上一層灰了卻依然在那，趕緊跟著以下的步驟來整理吧！

STEP 1
集中

一開始先將所有書籍下架集中，記住，書籍一定要全部一起下架整理，不建議只是放在書架上檢視。

STEP 2
嚴選

接下來進行挑選和淘汰，挑選的部分可以把握以下原則：

- 挑選出目前有在閱讀或計畫閱讀的書。
- 挑選出常常會使用到的工具書。
- 挑選出工作上會使用到的參考書。
- 挑選出想好好珍藏的書。

整理書櫃的時候，一定要靜下心來想一想自己是否會用到這些書。

破除迷思，下不了手時，不妨想一想

Tips

- 以為擁有書籍就代表擁有知識，但書買了就是要讀的，沒有在讀的書等同於廢紙，讀到頭腦裡的才算知識。
- 以為擁有了某類書籍就會變成該領域的達人，其實只是擔憂自己某方面的不足，想藉此填補內心的不安。
- 以為丟了書就丟了所學的技能，其實學會的東西都在腦子裡了，偷也偷不走。
- 以為以後有時間就會好好來看這些書，只是到了那時候，你會有更多想做的事、想看的書，現在留的書還是會繼續躺在書櫃內。

淘汰的部分自然是幾乎沒有翻閱的書、翻了幾頁就再也不想看的書，可以把握以下原則：

- 淘汰一年以上沒有翻閱的書。
- 淘汰翻了幾頁就擱著，再也不想看的書。
- 淘汰每次翻開就想睡覺的書，不過如果有失眠困擾的你，可以留著。
- 淘汰看了一次，卻沒有收穫也不記得內容的書。
- 淘汰跟自己現在工作無關的工具書或轉換跑道後留下的參考書籍。
- 淘汰看了會勾起不好回憶的書。

STEP 3
定量

定量秉持的原則即是「用收納空間決定物品數量」，不論來了多少書，只要有進有出，數量控制在書櫃裡，不隨意衍生新的收納用具，書籍的量和書櫃的整齊就可維持，塞滿書的書櫃讓人一點也不想閱讀，相反的，如同展示櫃般、精挑細選留下來的書，反而迫不及待想要看完呢！

我經歷書籍的大篩選有三個時機，包括：

- 搬新家時，淘汰以前學生時期留的講義、資料。
- 小孩一歲時，因為要買童書，淘汰了我自己沒在看的書和老舊教材。
- 開始從事整理教學，準備課程會需要用到較多整理類書籍時，淘汰了我音樂類的書籍。

STEP 4
藏拙

最後，將留下來的書按照內容分類，並依類別、高矮排列存放，原則有以下 4 個：

- 套書、包裝美觀的書，可以放在書櫃較上層的位置。
- 較重、不易排列整齊的書籍，放在書櫃較下層。
- 凌亂的書背若要維持整齊一致，可用檔案盒收納，背面朝外，貼上分類標籤，整齊又美觀，但若是使用頻率很高的書籍就不建議用此方式。
- 書櫃保持八分滿，避免凌亂擁擠。

書籍也要有進有出，每個階段需要的不同，不要藉著書籍緬懷過去，或誤以為只要擁有某些書就能成為某一種人，不善廚藝的我，曾經買了一些食譜，有的根本沒翻過，會煮的菜還是只有那幾道，每次要煮飯，都還是上網查食譜，不是自己興趣的領域，如果沒有動手開始做，是不可能因為買了幾本書就突然開竅的。

大小不一的教材用檔案盒分類，背面朝外並貼上標籤，清楚又美觀。

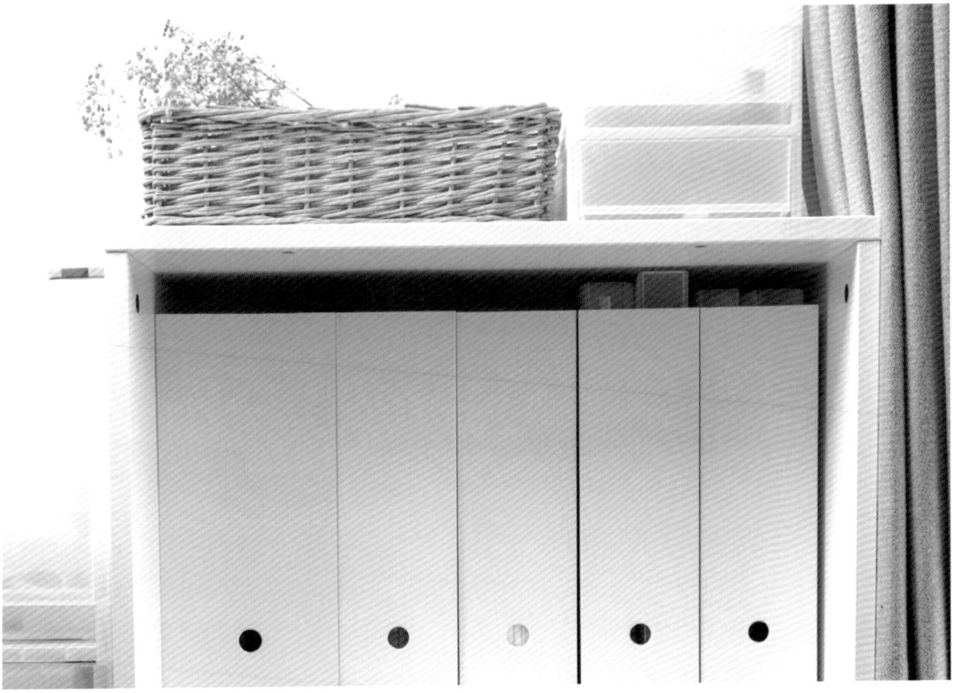

DAY / 17

文件

今天整理的文件，是家中除了照片以外，所有的「紙張類」物品，可分為重要文件、待辦文件與收據，整理時依照同類型文件進行收納，日後查詢、檢視與處理較容易。

STEP 1
集中

這時先集中家裡所有的文件，包含臥室存放的重要資料、書房收納的工作相關檔案、客廳收納的使用說明書、玄關放置的收據帳單等。

STEP 2
嚴選、定量

大多數的文件已經很久有沒整理，因此很有可能一半以上都是垃圾，需要留下的文件其實只有以下3種，除此以外幾乎都可以丟棄。

- **重要文件類**
  包括存摺、護照、戶籍謄本、房契地契等，或是個人的保險單、健檢資料、公事上的資料等。

- **待辦文件類**
  待繳帳單、近期工作資料、小孩學校的各種資訊等。

- **收據類**
  各式收據、發票、扣款證明等，這部分留前一兩期即可。

需細分類的文件以無印良品的分隔資料夾收納，貼上標籤一目了然。

家庭的重要文件統一收納在主臥房。

整理出需要的文件後，將同種類的文件統一定位收納，方便日後查詢或檢視，比如家中的重要文件可統一收納在主臥房，工作用的文件統一收納在書房，待辦事項和收據統一收納在玄關處。

STEP 3
藏拙

每樣東西都要有自己的專屬位置，不要因為品項繁瑣就隨意亂塞，並且堅持用完隨即歸位，三大文件的收納方式包括：

- **重要文件類**
  重要文件須小心存放，可以貼上標籤避免忘記內容物或誤丟，我的做法是單張的紙用「無印良品分隔資料盒」集中收納，一整本的檔案用「聚丙烯手提文件包」收納，外觀統一的簡潔感，也讓原本紛亂的文件變得整齊美觀。

- **待辦文件類**
  待辦文件可設立待辦專區定期整理，可以直接收納在玄關處，我的做法是在玄關櫃的門板內側掛上一個文件夾，出門前即可檢視。

- **收據類**
  收據類只留最近一兩期的即可，我的做法是將收據裝在無印良品的「EVA 夾鏈收納袋」，累積到夾鏈袋裝不下時就篩選丟棄，只保留重要的。

文件類整理起來曠日廢時，是一大工程，但是只要經過一次的總整理，將每個種類區分並收納妥當、集中安置，往後有新進的文件，只要按照這三個種類區分，就可以馬上辨別它們的去處。

DAY / 18

文具

今天要整理的是個人的文具或辦公用品，這類物品求精不求多，原則上保留一份需要使用的、一份備份的即可，選擇上以質感好、實際上會使用的文具為主。

書桌淨空，文具都收入抽屜內，不需先收拾的桌面，隨時可以投入工作。

STEP 1 集中

先將家中所有文具集合，包括客廳、臥室、兒童房的文具等，家中各處的文具大致可分類為筆類、辦公用品類、紙張類。

STEP 2 嚴選

接下來進行嚴選，筆類物品每支都試寫看看，留下可用的、真心喜歡的，淘汰難寫的、沒水的、斷水的、易漏水的，這些筆確定不會再使用，因此可以大膽的捨棄。

STEP 3
定量

筆類物品原則上一個顏色留一支、備份一支就夠了，其他辦公用品也是，常用品項一種一個，例如：釘書機一個、釘書針一盒、便條紙一包，每種備品留一份即可。還有我從不拿取店家免費贈送的筆，畢竟一般家庭裡絕對不缺筆，拿了也是貪小便宜心態多拿的，真的要用筆的時候，還是會選擇拿花錢買的筆來用比較好寫，因此實在沒有拿取的必要。

STEP 4
藏拙

桌面和抽屜內要看起來的整齊清爽，除了精簡物品外，統一收納品的風格和顏色尤其重要，而筆類採用抽屜式收納比開放式筆筒更容易維持整齊，附分隔板的收納盒能讓每個小物都有自己的家。

我的個人文具用品只留必要數量，筆類只有藍、紅、鉛筆、螢光筆各一支，全部收納在無印良品的鉛筆盒裡，要上課或要外出隨時帶著走即可，用完一支再買一支，質感好的文具，少少幾件就足夠，不用擔心好不好用，也不用花時間整理，又可當作療癒小物，一舉數得。

書桌抽屜內的收納保留精簡的文具和辦公用品。

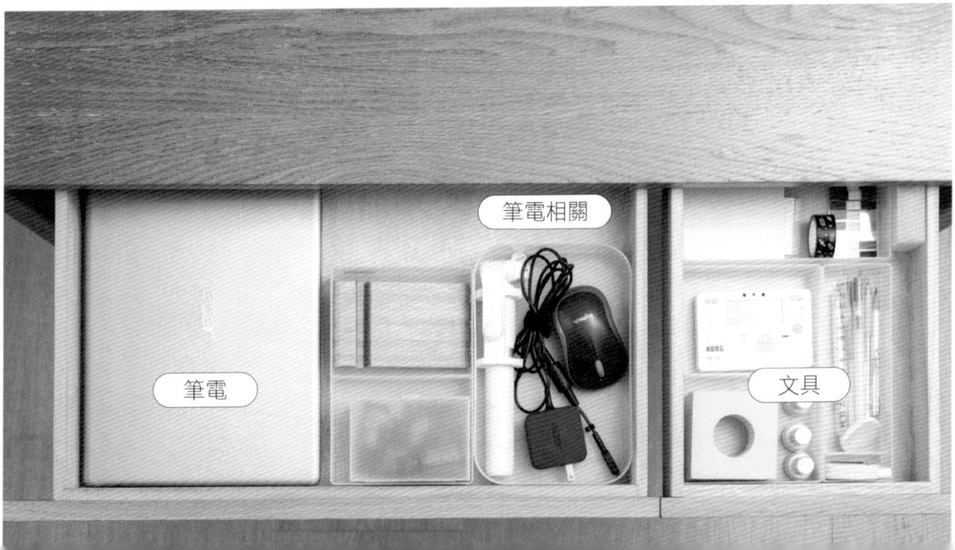

DAY / 19

紀念品

紀念品可說是整理難度最高的物品，不過整理來到第19天，面對棘手的紀念品，也許我們已經豁然開朗了，來試看看吧！

STEP 1 集中

紀念品涵蓋範圍很廣，舉凡是有紀念性質的物品，不論是裝飾品、獎牌、手作、收藏品，自己買的、別人送的，全都涵蓋在範圍內喔！這時候同樣先將所有紀念品拿出集中檢視。

STEP 2 嚴選

嚴選紀念品時包括可留下的紀念品與不該留的紀念品，可留下的紀念品包括以下三類：

- **真心喜歡的物品**
  如果是裝飾品，請留真心喜歡的、會想要展示出來的物品。

- **對自己有深刻紀念價值的物品**
  雖然不是展示品，但看到後能帶給自己正面意義的重要物品。

- **對自己工作、求職有幫助的紀念品**
  包括獎牌、獎狀、獎盃，但是

這座小時鐘不僅是生活用品，也是裝飾品。

對「未來有幫助」的才留，能夠證明自己工作能力，求職上有幫助的才留，所以千萬別留國小考滿分的獎狀喔！

不該留的紀念品，包括以下三類：

- **礙於人情收下的贈物**
  不符合上述可留下的任何一點，不想展示也對自己未來沒幫助的贈物，留下來也只是徒增困擾，完全失去贈與者當初的美意，還不如淘汰捨棄。

- **數量太多的收藏品或手作用品**
  這些物品乍看之下很珍貴，當初費盡心思才得到的，但數量若是多過自己可掌控的範圍，也就失去意義了，留下來的紀念品就想辦法展示出來，或安排一個 VIP 待遇的席位和收納方式，若無法做到就只選擇可以控制的量，再怎麼珍貴的物品，只要多、只要亂放，就顯不出它的珍貴性了，就像你在菜市場攤販看到一堆 LV 包包時，肯定會覺得它們是仿冒品。

- **看到會勾起不好回憶的紀念品**
  會害自己陷入過往負面情緒的、會令自己懊悔的、會讓自己裹足不前的，這些紀念品擁有它們反而是災難，丟了吧！

裝飾品，並且注重展示品間彼此顏色的協調， 避免都是鮮豔的飽和色，造成視覺上的突兀。

- **以美麗的容器妥善收藏**

如果有一些紀念品不想展示或是展示空間不夠時，可用喜愛的收納盒或容器妥善收藏，並以收納盒控制數量，留下來的紀念品僅止於收納盒放得下的數量，超過的就要篩選淘汰，如此一來，能夠徹底檢視，留

STEP 3

收納、陳設

接下來要將篩選後的紀念品，做妥善的陳設與收納，留下的紀念品是真心喜歡的，因此可以抱著一顆愉悅的心情進行收納與擺設。

- **直接陳設出來**

最喜歡、最美麗的紀念品直接陳設展示出來，展示的原則在於一個平面空間不宜超過 3 個

美麗有質感的外觀，不具有陳設效果，留下來也很佔空間，我想留的是學生和我一起努力後的收穫，這些也已經在我們彼此的腦海裡了，得獎瞬間獲得的成就感，也已經化為繼續前進的動力，所以我的做法是，將獎盃上的金牌撕下來，以美麗的紙黏貼，好幾個集合成一張，和獎狀一起收在資料夾內，需要時拿出資料夾即可。

下真心喜歡的，也可避免收藏品淪為隨便亂塞的雜物。

我的收藏盒是當初結婚的喜餅盒，我個人非常喜歡它方正簡約的款式，所以一方面將它當作展示品，一方面也收納著我留下來的少數紀念品。

- **不美麗卻有用的紀念品，只留下需要的部分**

  從事 20 年的鋼琴教學工作，我有許多大大小小的獎盃、獎牌獎狀，雖然對自己的專業是一種肯定，但是這些紀念品沒有

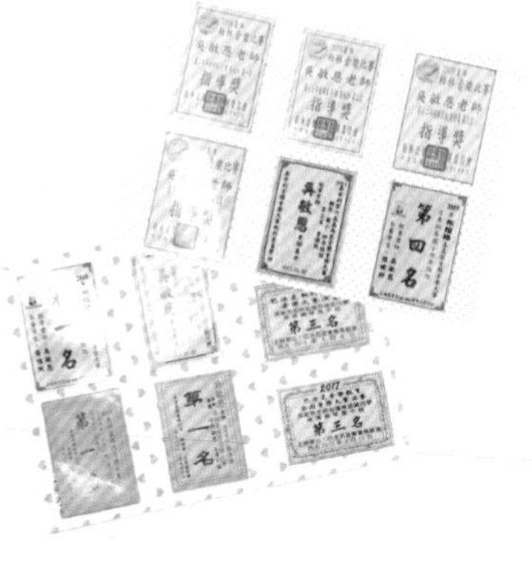

我將獎盃上的金牌撕下來集合起來貼在美麗的紙上，並好好收納起來。

這是當初結婚的喜餅禮盒，我很喜歡它方正的模樣，就用來收納記念的小物。

每週檢視

我喜歡用手機拍照記錄，平時會大量拍攝工作、育兒的照片和影片，這些常佔用手機容量，也造成儲存上的困擾，所以每次拍完照，只要是糊掉、不喜歡的就會立即刪除，而每週我也會將相片用備份豆腐儲存到雲端，備份之前會再檢視一次。

手機可將同時期的數張照片用後製軟體組合成一張，再沖印出來保存。

DAY / 20

相簿

在數位相機、手機拍照都很方便的現代，大量的相片管理和保存變成一件麻煩的事情，最怕手機跳出儲存空間已滿的提醒，因此對於整理手機相片，我依照檢視時間分成以下三種。

喜歡的照片也可沖印出來放在
相框內展示或相本內保存。

每月檢視

這部分可以選出很喜愛的照片放入手機內的「喜好項目」相簿，其他則全數刪除。

每年檢視

每年我都會洗出一本「珍藏型相簿」，當中的相片即是從每個月的「喜好項目」中挑出，同樣的相片會洗成三份，一份自己留著，一份給爺爺奶奶，一份給外公外婆，由於是珍藏型相簿，因此會用喜歡的無印良品相本保存，相片大小是 4x6。至於其他放在雲端備份的相片也可以洗成「簡易型相簿」，這部分可以用比較小的尺寸或是先用軟體後製很多張集合成一張的方法，之後再洗出來後裝訂。

一起動手做 *Tips*

- 整理手機相片，將留下的照片備份至雲端手機照片。
- 照片量多者，可以每天整理 500 ～ 1000 張。
- 在每年最後一個月選出這一年的「珍藏型相簿」。

DAY / 21

邁向嶄新的生活

整理後的空間，還是會凌亂，還是需要維持，但復原的時間將會很迅速，並且只要再次整理，家裡的空間就會繼續加分，越整理越美好。

整理不是善後、不是收拾，而是理想生活的起點，物品的數量往減法邁進的同時，生活的質量卻一直往加法前進，每天的生活，無論食衣住行，工作、育兒或玩樂，身旁不免充斥著許多物品，所以，整理物品也是在整理生活。

今天不是整理的終點，而是邁向嶄新人生的起點，環伺現在的家，是不是變得不一樣了呢？整理前擁擠凌亂的家，經過這 21 天，可以變得整齊有序，只要再重複進行一輪整理，就能變得更清爽舒適，這就是減法的整理，換得加法的空間，你，也對這個家的模樣上癮了嗎？

「整理」
真的是一件很棒的事，

整理前學會反省，
何謂理想的生活，

整理時學會思考，
簡約生活如何實踐，

整理後學會感恩，
我們擁有夢想之家。

整理家不只是整理物品，
也是整理生活。

APPENDIX

附錄

附錄1

兒童物品的整理與收納

附錄2

學員心得分享

附錄／01

兒童物品的整理與收納

衣物篇

我自創的「7個6簡約穿搭術」，不只適合大人，也適合小孩的衣物管理，兒童衣物整理可依照以下4步驟來進行。

STEP 1 定量

6件而不是重點，定量才是，女童與男童的品項和數量如下：

【女童衣物7個6】

- **春夏7大類別**
  1. 棉質短T恤6件
  2. 正式短袖6件
  3. 棉質短褲6件
  4. 正式的短裙、短褲6件
  5. 洋裝、背心裙6件
  6. 薄外套、背心6件
  7. 鞋子4雙、包包2個

孩子們的衣服也可以用「7個6簡約穿搭術」整理。

Tips

- 春夏與秋冬分別各算一個群組，鞋子與包包不需換季，一年四季皆可搭配。
- 男童沒有洋裝選項，所以僅有6個6。
- 夏季時將長袖選項換成短袖，厚外套換成薄外套，鞋子包包可以保留。
- 睡衣＋睡褲6件、內搭、衛生衣、發熱衣隨意、短襪、半統襪6雙、褲襪3雙。

- **秋冬7大類別**
  1. 棉質長T 6件
  2. 正式長袖上衣、小外套6件
  3. 棉質長褲6件
  4. 正式的長裙或長褲6件
  5. 洋裝、背心裙6件
  6. 厚外套、背心6件
  7. 鞋子4雙、包包2個

【男童衣物6個6】

- **春夏6大類別**
  1. 棉質短T恤6件
  2. 較正式短袖6件
  3. 較正式的短褲6件
  4. 棉質短褲6件
  5. 薄外套、背心6件
  6. 鞋子4雙、包包2個

- **秋冬6大類別**
  1. 棉質長T恤6件
  2. 正式長袖上衣、小外套6件
  3. 正式長褲或牛仔褲6件
  4. 棉質長褲6件
  5. 厚外套、背心6件
  6. 鞋子4雙、包包2個

STEP 2

嚴選

篩選童裝時，可掌握以下技巧：

- 挑選下半身款式，素面佔2／3，有花紋的佔1／3，素面顏色以牛仔、卡其、白黑灰等色為主。

- 上衣在篩選上可以保留平常穿的舒適上衣或T恤2／3，較正式的上衣1／3，顏色以可以搭配下半身單品的為主。

- 女童的洋裝在秋冬時可展現強大穿搭力，秋天洋裝外搭小外套，或是背心裙內搭薄長袖、外搭小外套都很適合，冬天時搭褲襪和厚外套或套頭，可愛又保暖。

- 男童沒有較正式的洋裝選項，所以在保留上衣和褲子時，記得保留一些較正式的衣服，例如有領上衣、較硬挺布料的長褲或外套。

- 春夏薄外套建議至少有3件，休閒連帽外套、素色針織外套、亮色或條紋針織外套；秋冬厚外套也可以選3件，羽絨或鋪棉背心、較正式的厚外套、羽絨外套。

- 鞋子以功能性去篩選，包括皮鞋、布鞋、涼鞋、拖鞋、靴子、雨鞋等，但不需要留太多雙，因為馬上就穿不下了，顏色方面，皮鞋和布鞋建議以大地色系或白黑灰為主，這樣和任何色系都不衝突，而且有質感，

- **20～25**°C
  短袖＋薄外套＋短裙或短褲
  薄長袖＋短裙或薄長褲
  洋裝＋半統襪或內搭褲
  內搭衣＋背心裙＋半統襪
  無袖洋裝＋薄外套

布鞋選擇上會以懶人鞋或休閒鞋為主，不選運動鞋，若孩子比較大了需要運動鞋，可以再加上此選項，或將不常穿的鞋款改為運動鞋。

兒童版的 7 個 6 會篩選出許多可有可無、留著當備胎卻完全穿不上的衣服，另外有些孩子很有主見，對衣服穿搭很有自己的想法，不穿的衣服也不需勉強他，且這類不需要的衣服可以盡快出清，將衣櫃只保留適合、喜歡的服裝。

STEP 3

搭配

以女童搭配為例，可依照氣溫不同做搭配：

- **25**°C **以上**
  短袖＋短褲或短裙
  洋裝單穿

上／ 25°C 以上時，可單穿洋裝。
下／ 20°C~25°C 時，可搭配薄外套。

STEP 4

收納

因為兒童衣物體積較小，適合直立式收納，並搭配衣物分隔盒做分類，我使用過無印良品的 PP 抽屜加分隔袋，以及 Ikea 的衣櫥、斗櫃加分裝盒，這些都很方便收納。

- 15 ～ 20°C
  薄長袖＋小外套＋長褲
  厚棉衣＋長褲
  洋裝＋褲襪或內搭褲
  內搭衣＋背心裙＋小外套＋褲襪

- 11 ～ 15°C
  衛生衣＋厚棉衣＋厚長褲
  衛生衣＋洋裝＋褲襪
  衛生衣＋毛衣或小外套＋厚長褲

天氣寒冷時可搭配鋪棉大外套或羽絨外套，兩者都很保暖，如果寒流來可以穿兩件衛生衣，或是大外套裡面加一件羽絨背心。

教導孩子愛惜家中物品

整個家都是孩子的遊樂場，不必過度限制，但是要教導他們愛惜家中物品，並且避免一些情況，例如：不能在沙發上畫畫或吃東西，因為弄髒了會擦不掉，畫水彩只能在餐桌上畫，因為如果打翻了水家裡地板會壞掉，每個人都是家裡的一份子，都有責任維護家中環境。

訂下收拾時間並徹底執行

每晚睡前是小孩收拾的時間，我們會陪同她們一起將散落家中各處的玩具、畫紙收好，如果數量較多，可以衡量小孩的能力，分配部分項目即可，其他爸媽協助收拾，即便她們無法完全收拾的很整齊，但是至少要將物品物歸原處，養成管理自己物品的好習慣。

我大女兒非常喜歡畫畫，每次畫完，我會問她想要留下哪張，做初步的篩選，要留下的就先集中放在抽屜裡，放滿了就篩選淘汰。

作品篇

「有小孩，如何保持家裡清爽？」
「小孩東西多，怎麼收才不會亂？」
「小孩的作品越來越多，到底要留還是要丟，丟的是哪些，留下來的又要怎麼辦呢？」

有孩子後的確會累積許多嬰童用品、玩具和孩子的美勞、畫作等，但這些物品也是有限制的，畢竟家的空間不會再增大，因此我也訂下數量限制，教導孩子如何選出自己喜愛的作品，並在創作過程和整理的時候鼓勵她們，讓孩子曉得取捨和學習的重要性。

收納畫冊的書櫃可以放得下 8 本畫冊，若作品保留到 12 歲，姊妹倆平分之下，每 3 年可以收納一本畫冊，所以，3 年內僅可嚴選 80 張最值得保留的作品。

只要訂下數量限制，就不必再為如何取捨、收納煩心，「限制」表面上看來是一種侷限，但實際上卻讓生活更便利，往後只要定期篩選即可，不用再為此事困擾。

作品代表的是孩子成長的紀錄，但留下紀錄的方式可以是拍照、是腦海裡的回憶，並不一定要是留下物品，創作過程中的陪伴、完成作品後的鼓勵、充滿成就感的笑容，才是成長過程中更可貴的。

只在限定的區域展示作品

女兒在學校、畫室帶回或在家中完成的作品，在完成的當下，我會幫她們和作品一起拍照，並且毫不吝嗇的稱讚鼓勵她們，家裡的走廊就是藝廊，展示她們精挑細選的畫作，若是勞作或黏土作品，只在臥室的書櫃上方展示，固定位置的展示作法，也可以限制數量無限蔓延，因為太多童趣元素會導致廉價感，家中的簡約風格也無法維持。

若是需要長久保留的作品，只嚴選少量，以專用的作品畫冊收納，並以畫冊可放入的數量來做定量，例如：我的畫冊一本可放入 80 張，種玩具陪他玩出 10 種方法。

- 贈品或別人的贈物，也不一定要照單全收。
- 了解孩子的特質和興趣，玩具不在多，在投其所好。

較大型的或留給老二的玩具用聚乙烯收納箱收納，一箱一個種類。

玩具篇

玩具的整理收納常是父母最頭痛的一環，我也在這一部分花了不少心思，經常不斷調整改善，並且隨著孩子的成長，每半年就會檢視一次，在多次整理中歸納出以下的整理方式。

STEP 1 嚴選

整理玩具時，我發現以下兩個重點：

- 斷：給得越少，玩得越多。
- 捨：捨得越多，玩得越多。

此外，我也認為在購買玩具時就需先考量以下 4 點，才能真正滿足孩子的需求。

- 大人給的玩具是為了滿足孩子，還是為了彌補自己的愧疚？
- 與其買 10 種玩具，倒不如用一

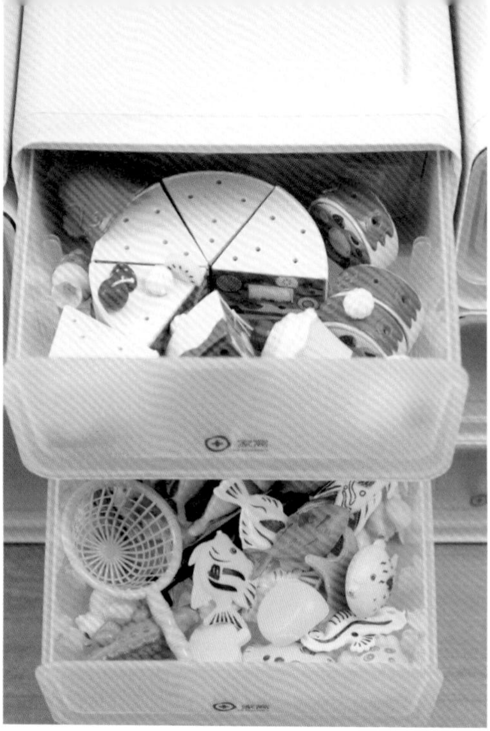

① **先記錄**：記錄每天或至少每週都會拿出來玩的玩具，目的是了解現階段的興趣和喜好。

② **再定位**：分配兒童房的收納區域給這些玩具，並仔細思考孩子拿取和收回的便利性，收納空間盡量只使用 7 成。

③ **後定量**：將部分玩具另外收納在儲藏室或儲物櫃中，過一陣子再拿出來，和現在的玩具交換。

STEP 2

定量

定量指的不是玩具，而是收納空間，因為玩具常常替換更新，因此不用強迫定量。

收納空間要固定，不能任意追加，當玩具裝不進去收納空間時，就必須與孩子一起整理玩具，讓孩子了解玩具不能無限制的購買和堆積，有捨才有得，定量時可分為以下 3 小步：

STEP 3
統一

在玩具的收納上，我以「統一」的原則來收納，包括：

- 統一收納盒款式，讓視覺看起來清爽舒適，避免玩具花花綠綠造成的「視覺噪音」。
- 統一收納方式，讓孩子潛移默化學會區分玩具種類、考慮到拿取的便利性，並能促進孩子收拾玩具的能力。

收納時採用以下 4 個方法：

- 常玩的小玩具統一用抽屜箱收納。
- 常玩的大玩具用尺寸符合的聚乙烯收納箱收納。
- 較少玩或預留給老二的統一用夾鏈袋做細分類，放入聚乙稀收納箱做大分類收納。
- 家家酒系列玩具統一收納在家家酒廚房櫃子內。

STEP 4
留白

留白的空間才能發揮物品的最大價值， 過多的玩具反而使空間窒礙難行，空有玩具卻無法盡情玩耍，因此，能充分玩樂的空間比玩具數量更重要，能專心閱讀的環境比書籍數量更重要！

能專心閱讀的環境比書籍數量更重要。

不需要全數保留，我只保留自己喜歡或小孩愛穿的風格，並自己訂下需要的數量，其他的就捐贈出去。

STEP 3
定量並收納

這部分用收納盒控制未來衣數量，例如：2 歲秋冬未來衣限縮在 2 個抽屜內，2 歲春夏未來衣較薄所以 1 個，玩具限縮在 2 個收納箱以內，以此類推；另外也可以直接用 7 個 6 的類別定量、分類，接著再用收納箱或抽屜存放，一定要記得貼上標籤，標註使用的年紀。

仔細想一想，留過多的未來衣常常是一季過完後一次也沒穿到，還有不實穿、太厚、太正式、太奇特風格的衣服留著，小孩也不會想穿，而通常把衣服出清給他人後，接受的人就擁有處理權，如果真的不適合自己，不需要礙於人情勉強留下來，倒不如給更需要的人吧！留著反而是浪費呢！

恩典牌物品篇

我家老大和老二差了 4 歲，所以預留給老二的物品，也是整理很多次後才有比較理想的狀況。

STEP 1
集中

這類物品要集中一起整理完畢，否則很容易遺忘，等到發現時已經過了可使用的年紀。

STEP 2
嚴選

有些恩典牌物品已有破損，衣物上有黃漬或嚴重起毛球，贈與的人也許沒有考慮到物品的狀況，只希望東西趕快出清。

接收者當然也不需要照單全收，還有即便是狀況很好的未來物品，也

厚外套
90-100 公分
100-110 公分
100-120 公分

附錄／02

學員心得分享

近年來我也將收納整理的經驗化為實作，當中有不少學員給予回饋，來聽聽學員怎麼說。

家裡變大又變美，贏回一個新家

學員／歆

參加課程是開始，課程結束又是另一個斷捨離的下一個階段。我喜歡老師的提點，而不是直接給答案的方式，因為這個不是選擇題，而是一直調整改變的問答題。

收納清理不是只有物品，還有心理，不論是工作上，或是家庭，需要不停的調整進而達到不浪費。珍惜，是我最終目標！至於未來的規劃，讓家裡變成剛開始的樣子，沒有多餘的家具，空間進而變大變清爽！

養成好習慣，清爽的家做家事更省力

學員／芳庭

我不再浪費時間翻箱倒櫃找東西，所有的物品都已經由檢視分類收納完成，物品放置處和數量完全可以掌握，不再重覆購買，只需買一份備品存放，荷包著實省下不少。

其實被捨棄的物品對我們生活上根本沒有造成任何影響，活動的空間反而更大了。參與課程，結合極簡與美感的思維，不但讓家裡變得更清爽更簡約，打掃毫不費力，下班回家，看到家裡整齊又乾淨，疲憊的心頓時緩解不少。閒暇時間變多了，聽聽音樂，看看書，做做簡單的運動，悠閒過日的感覺真好。

與家人關係變好，情感更緊密

學員／茶茶

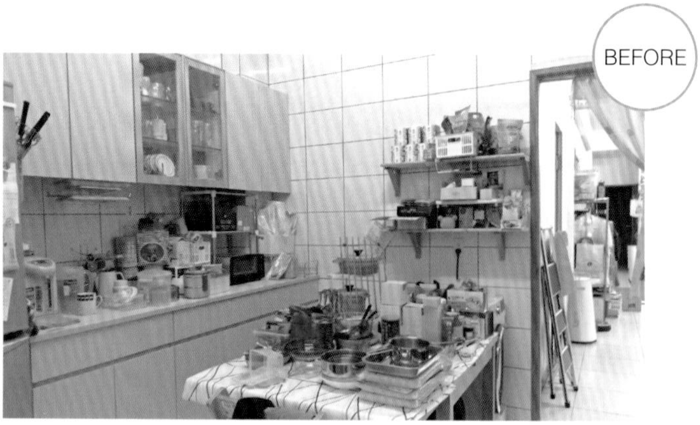

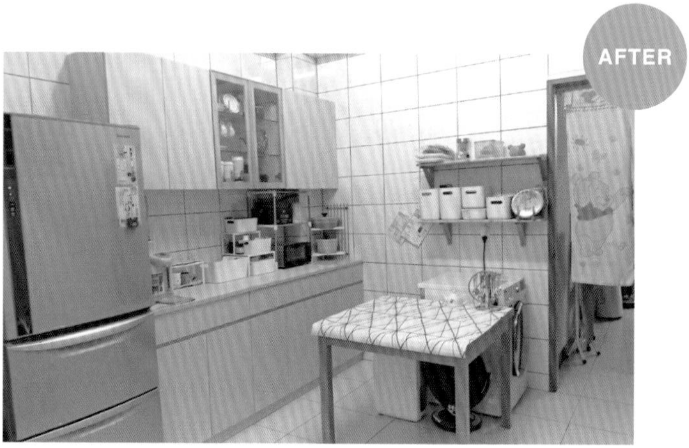

真體會到家裡乾淨整齊會影響那麼多層面，跟女兒關係更緊密，家裡的貓也能放鬆。東西不像以前永遠要找都找不到，穿衣的質感氣質的提升，下班很累回家看到家裡不會像以前會很生氣，家裡夏天變比較涼電費少了，因為東西少了空間大了空氣比較流通。

開始期待家裡整理好約朋友來坐坐。我覺得好處太多了，這也是近期做的很正確的決定，當不會的時候就要找方法，各行各業都一定有專家可以帶著妳。

改變購物習慣，不再衝動亂買

學員／美娟

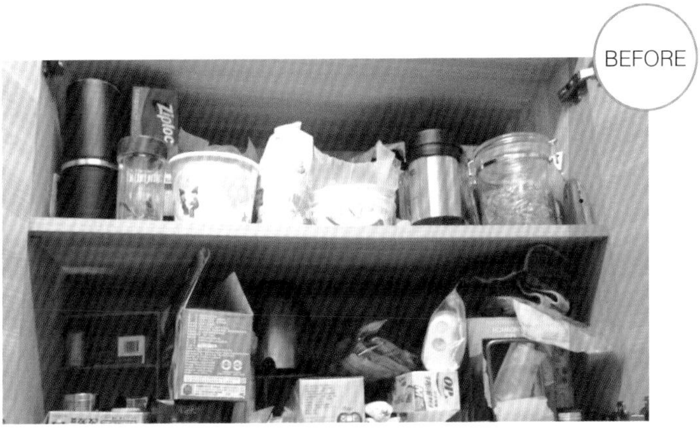

想整理家裡的物品，所以買了一堆有關整理、收納的書，也買收納籃（盒），但物品太多也不整齊，看起來還是很糟，沒多久真的真的又打回原型，反反覆覆的。但自從上了老師的課程，先是從觀念改變了，不再愛亂買，理解到因為空間有限。

再來是一步一步的慢慢消化整理收納的方式，循序漸進的整理，也慢慢看到了改變。「少，即是好」，太中肯了！光是這概念，影響了我不再隨意亂買，家裡一堆雜物也能放手斷捨棄，上了老師的課真是受益無窮，我會繼續努力！

擁有源源不絕的整理力

學員／嵐兒

曾經以為的整理是把物品排列整齊，那我已經是我的原生家庭中做的最好的一位。百思不得其解的是為什麼我一直在整理一直在整理，某天在網頁上搜尋簡約收納工具的我，突然看到一篇文章，主題是：「平面淨空」，在我照做了之後，像是著魔一樣，鬼使神差的把客廳收拾一番，看到空空蕩蕩的桌面竟讓人心情輕鬆愉悦，隔天的上班時間把敏恩老師的文章全部讀完，晚上就是實作課，整理的動力源源不絕。

除了行動上的整理，心境上也慢慢改變為夠用的簡樸生活再加上對美的品質品味提升。雖然課程結束了，我還在努力、學習著。

重新檢視自己，對未來充滿希望

學員／小均

少量並不是匱乏，反而多了一份自由，丟棄和捨棄也不是失去，反而得到了過往一直被物品佔據的空間！這些成長和體悟真的很想要再一次好好的感謝敏恩老師，謝謝您讓我明白整理的美好，和擁有這樣踏實的居家空間，是多麼棒的一件事情。

未來我希望我的家是一個充滿光影的家，讓家是一個能夠放鬆，沏一杯茶，享受午後的陽光，這是我此刻對於未來藍圖的想像，也期許自己能夠成為一個更好的人！

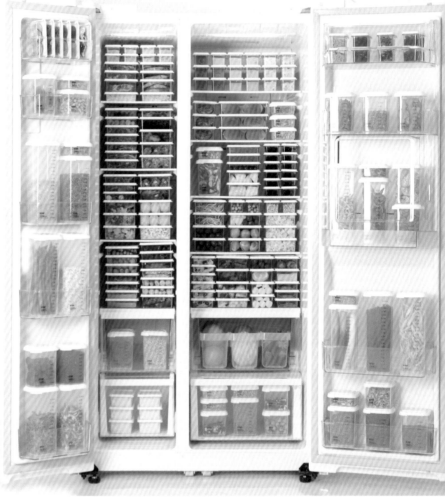

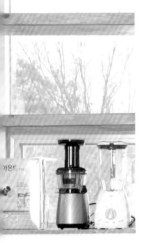

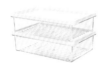

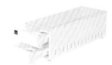

家的樣子，你的樣子

少一點擠，多一點你，極簡不是空，是對生活溫柔，
21 天「減物」整理練習，讓房間、心靈、人生，全部煥然一新！

作　　者：吳敏恩
攝　　影：陳家偉
內頁部分照片提供：吳敏恩
責任編輯：林麗文
文字校對協力：林靜莉
封面設計：Rika
內文設計：王氏研創藝術有限公司

總 編 輯：林麗文
副 總 編：梁淑玲、黃佳燕
主　　編：高佩琳、賴秉薇、蕭歆儀
行銷企畫：林彥伶、朱妍靜

出　　版：幸福文化／遠足文化事業股份有限公司
地　　址：231 新北市新店區民權路 108-1 號 8 樓
網　　址：https://www.facebook.com/
happinessbookrep/電　　話：（02）2218-1417
傳　　真：（02）2218-8057

發　　行：遠足文化事業股份有限公司（讀書共和國出版集團）
地　　址：231 新北市新店區民權路 108-2 號 9 樓
電　　話：（02）2218-1417
傳　　真：（02）2218-1142
電　　郵：service@bookrep.com.tw
郵撥帳號：19504465
客服電話：0800-221-029
網　　址：www.bookrep.com.tw

法律顧問：華洋法律事務所　蘇文生律師
印　　刷：通南印刷有限公司
電　　話：（02）2221-3532
初版一刷：2022 年 12 月
初版六刷：2024 年 3 月
定　　價：480 元

國家圖書館出版品預行編目資料

家的樣子，你的樣子 / 吳敏恩著 . -- 初版 . -- 新北市 : 幸福文化出版社出版 : 遠足文化事業股份有限公司發行 , 2022.12
　面；　公分
ISBN 978-986-5536-48-0(平裝)
1.CST: 家政 2.CST: 家庭佈置
420　　110004213

讀者回函卡

感謝您購買本公司出版的書籍，您的建議就是幸福文化前進的原動力。請撥冗填寫此卡，我們將不定期提供您最新的出版訊息與優惠活動。您的支持與鼓勵，將使我們更加努力製作出更好的作品。

讀者資料

●姓名：________ ● 性別：□男　□女　●出生年月日：民國____年____月____日

●E-mail：________________

●地址：□□□□□ ________________

●電話：________ 手機：________ 傳真：________

●職業：□學生　□生產、製造　□金融、商業　□傳播、廣告

□軍人、公務　□教育、文化　□旅遊、運輸　□醫療、保健

□仲介、服務　□自由、家管　□其他

購書資料

1. 您如何購買本書？□一般書店（　　縣市　　書店）

□網路書店（　　　書店）　□量販店　□郵購　□其他

2. 您從何處知道本書？□一般書店　□網路書店（　　　書店）　□量販店　□報紙

□廣播　□電視　□朋友推薦　□其他

3. 您購買本書的原因？□喜歡作者　□對內容感興趣　□工作需要　□其他

4. 您對本書的評價：（請填代號 1. 非常滿意　2. 滿意　3. 尚可　4. 待改進）

□定價　□內容　□版面編排　□印刷　□整體評價

5. 您的閱讀習慣：□生活風格　□休閒旅遊　□健康醫療　□美容造型　□兩性

□文史哲　□藝術　□百科　□圖鑑　□其他

6. 您是否願意加入幸福文化 Facebook：□是　□否

7. 您最喜歡作者在本書中的哪一個單元：________________

請沿虛線剪下，黏貼好後，直接投入郵筒寄回

廣　告　回　信
臺灣北區郵政管理局登記證
第 1 4 4 3 7 號

請直接投郵，郵資由本公司負擔

23141

新北市新店區民權路 108-4 號 8 樓

遠足文化事業股份有限公司　收

寄回函

抽好禮

活動辦法　請詳填本書回函卡並寄回幸福文化，就有機會抽中超好用 EPSON 標籤機！（恕無法挑選款式）

3名

EPSON LW-C410 藍牙標籤機

（市價 $3,290）

3名

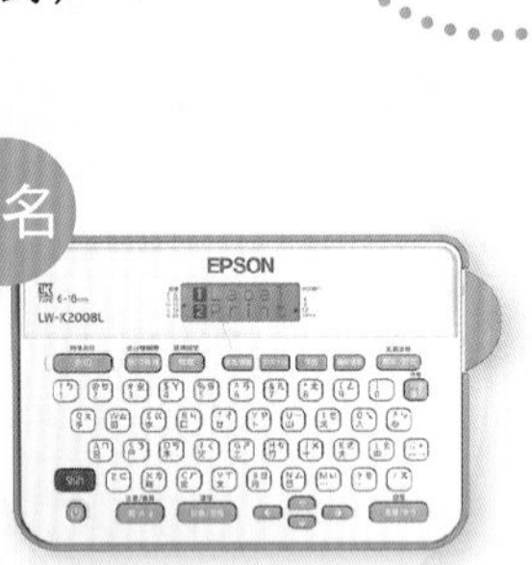

EPSON LW-200BL 輕巧標籤機

（市價 $1,990 ）

【活動期間】即日起至 2023 年 3 月 5 日止（以郵戳為憑）

【得獎公布】2023 年 3 月 30 日公布於「幸福文化臉書粉絲專頁」

備註：1. 本活動由幸福文化主辦，幸福文化保有修改與變更活動之權利
2. 本獎品寄送僅限台、澎、金、馬地區

EPSON 官網